光纖通訊

鄒志偉 著

Optical Fiber Communications

五南圖書出版公司 印行

序

　　2009 年對光通訊是重要的一年，自 100 年前（1909 年）無線電之父—馬可尼獲得諾貝爾獎以來，通訊方面的科技發展再一次被肯定，而被譽為光纖之父的高錕教授在 2009 年獲得了諾貝爾物理學獎的榮譽。這也對從事光通訊的學者們起了非常大的鼓舞。光纖通訊把人與人之間的距離拉近，而光纖通訊也使資訊的傳遞變得更方便及更便宜，促使網際網路的普及化，對人類社會起了重大的影響。

　　筆者有幸獲得五南出版社的邀請，把筆者在交大任教《光纖通訊》的講義集結成書。本書的順利完成也多得同事及師長們提供了頗多的寶貴資料及建議，也要感謝博班學生王家軒、施富元及吳郁夫等幫忙翻譯和校對。特別感謝父母及太太劉洋的支持和鼓勵。

　　筆者在執筆過程中盡可能不用深奧難懂的數學，而用易懂的方式來說明光纖通訊的原理及應用問題。本書內容盡可能地介紹最新的光纖通訊技術，除了能作為大專理工系學生的課本或參考書外，亦能為有興趣人士作自習之用。

鄒志偉

2011 年於交大

目　錄

第一章

光纖通訊簡介

　　人們現今生活在資訊的年代，使用網際網路（Internet）及行動電話等通訊服務，便可以足不出戶「能知天下事」。而網際網路及行動電話等通訊服務能廣泛運用的幕後功臣就是光纖通訊。今天，像頭髮一般細的光纖能夠傳送高達 60 Tbit/s 以上的資訊，遠超越銅線及微波通訊的傳輸容量。本章先說明光的特性，然後回顧光纖通訊的需求和光纖通訊簡史。

1.1　光的特性

　　可見光是能夠被人們直接看見的電磁波（electromagnetic wave），其波長（wavelength）為 0.38 μm-0.76 μm，而頻率（frequency）在 790 THz-400 THz 之間。其他波長如紅外線（波長大於 0.76 μm）和紫外線（波長小於 0.38 μm）有時也被稱為光，而光通訊正是利用此部份頻譜（spectrum）的電磁波作為載子（carrier）攜帶要傳送的資訊。圖 1-1 是電磁波頻譜。

　　一個通訊系統（communication system）把資訊（information）從一地傳送到其他地方。通訊系統中包括發送器（transmitter）、接收器（receiver）和傳播媒介（transmission medium）。在光纖通訊中，發送器是雷射（laser）或發光二極體（light emitting diode, LED），接收器是光電二極體（photodiode），而傳播媒介就是光纖（optical fiber）。

　　在通訊中，為適應傳播媒介的特性，使資訊傳得更遠並使資訊的衰減和失真減少，資訊會被升頻（frequency up-conversion）到一個合適傳播（適合傳播媒介特性）的頻率。升頻的方法通常是把要傳送的訊號，即基頻（baseband）訊號，乘上一個載波（carrier wave），此頻率稱為載波頻率（carrier frequency），載波頻率要大於基頻訊號的最大頻率。把資訊載在載波上的方法稱為調變（modulation）。在接收端，訊號會被降頻（frequency down-conversion）到基頻，使我們能夠讀取，稱為解調變（demodulation）。

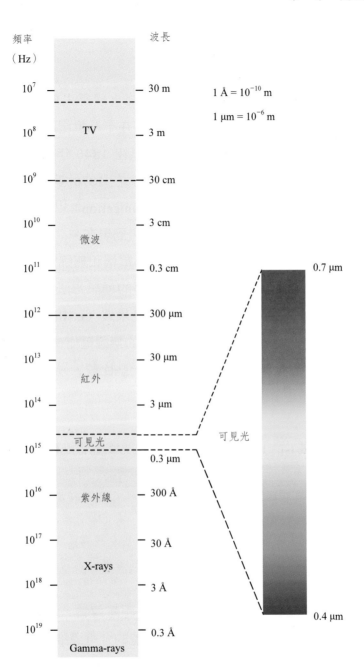

圖 1-1　電磁波頻譜

1.2 光纖通訊的需求

人類最早期的長途通訊方法主要是靠烽火或專人傳送等，但這些方法成本高昂，更容易受天氣、地形等影響。在十八世紀時，人們已逐漸了解電的各項特性。而電報（telegraph）通訊在 1840 年代出現[1]。初期電報由電線傳送，數據傳輸率大約為 10 bit/s。在 1870 年和 1890 年代電話（telephone）[2]和無線電通訊（radio communication）[3]分別被發明，而使用電話及無線電通訊也延用超過一個世紀，直到現在。

隨著人類對資訊的需求日益增加，利用電報和無線電通訊漸漸無法滿足人們的需求，因而促使大家開始尋找更好的通訊方法。在 1960 年代時學術界對通訊的研究主要集中在無線電和毫米波（millimeter-wave, mm-wave），幾乎沒有人認為光通訊能代替當時的無線電作長距離通訊，表 1-1 顯示 1960 年代時毫米波通訊和光纖通訊的一些比較，光纖通訊當時是一種未知技術。

表 1-1　1960 年代時毫米波通訊和光纖通訊的比較

毫米波通訊	光纖通訊
成熟技術	未知技術
較貴	有可能低成本？
電話壟斷業者可負擔成本	誰會成為投資者？
可改善的容量較普通	容量可大大提高

因光束會發散或被大氣吸收，無法作長距離傳輸，需要藉波導引導。高錕教授在 1966 年發表了《為光波傳遞設置的介電纖維表面波導管》[4]，認為玻璃是可能的透明材料，提出可利用高品質玻璃作為光波導（optical waveguide）將光波作長距離傳輸。論文指出散失造成的固有損耗可以低至 1 dB/km，如果能把雜質，特別是鐵、銅、錳等降低，光信號在長距離傳

輸是可能的。簡而言之，只要材料的雜質夠低，幾公里厚的玻璃也可以看穿。這篇論文象徵光纖通訊的誕生，但當時科學界和業界對他的理論抱疑問態度，但他堅持光纖的研究，正如在一次訪問中提到：「光纖是最好的，在一千年之內找不到一個新的系統來代替它。我這樣講，你們不應該相信我，因為我本來也不相信專家的講法。」三年後，第一條低損耗光纖（< 20 dB/km）成功被生產[5]。隨後光纖通訊的迅速發展使網際網路普及化，掀起劃時代的資訊革命，改變世界，數據傳輸率也隨之以指數方式增加，見圖1-2。

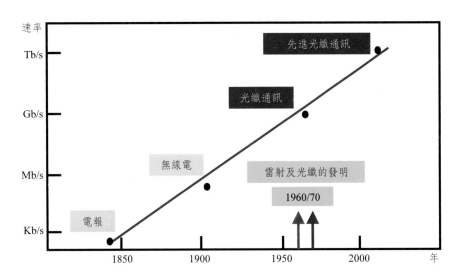

圖 1-2　光纖通訊的迅速發展使數據傳輸率以指數方式增加

1.3　無線電通訊簡史

多數早期從事光通訊的學者都是從無線電研究「轉行」過來的，因此讓我們先回顧一下無線電通訊（radio communication）的發展，它也可稱為微波通訊（microwave communication）或無線通訊（wireless communication）。無線電通訊是利用具有高頻率，短波長的電磁波作為通訊載波，1864 年英國物理學家馬克斯威爾（James Clerk Maxwell）統一了電和磁的理論，提出了著名的馬克斯威爾方程式（Maxwell's Equations）[6]，但是卻沒有人能夠證明電磁波的存在。直到 1887 年，德國物理學家赫茲（Heinrich Rudolf Hertz）從實驗中發現了電磁波，證實了馬克斯威爾的理論[7]。之後義大利物理學家馬可尼（Guglielmo Marconi）更大大提升了電磁波通訊的實用價值。1899 年他首次完成了英國與法國之間的無線電通訊。1901 年馬可尼更利用 800 kHz 訊號成功試驗了世界上第一次橫跨大西洋（從英國到北美）的無線電波通訊。圖 1-3 為馬可尼利用電磁波橫越大西洋通信的天線示意圖，天線塔高達 65 公尺。

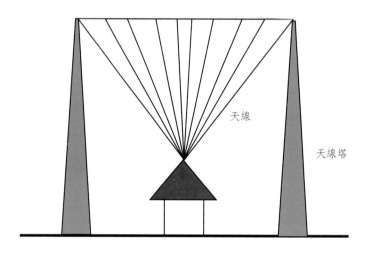

天線

天線塔

圖 1-3　馬可尼利用電磁波橫越大西洋通信的天線示意圖

　　馬可尼對無線電通訊的貢獻使他在 1909 年獲得了諾貝爾物理學獎，也被譽為無線電通訊之父。巧合的是在一百年後，通訊科技再一次被肯定，而被譽為光纖之父的高錕教授在 2009 年也獲得了諾貝爾物理學獎。身為前香港中文大學校長的高錕教授更把獲得的諾貝爾物理學獎牌捐贈香港中文大學，現在展覽在大學圖書館供各界人士參觀（見圖 1-4）。

高錕教授的諾貝爾獎牌和獎狀
Professor Kao's Nobel Prize Medal with the Nobel Prize Diploma

圖 1-4　展覽在香港中文大學的諾貝爾物理學獎牌

　　從電報被發明之後，無線電通訊不斷地發展，1970 年代時，被稱為第一代行動通訊出現，此時載波頻段已經到達 800 MHz，其中具代表性的有美國的 AMPS（Advanced Mobile Phone System）系統，英國的 TACS（Total Access Communication System）系統，和北歐的 NMT（Nordic Mobile Telephony）系統。以 AMPS 為例，它是一個類比式系統，通訊採用分頻多工存取（frequency division multiple access, FDMA）技術，利用不同的無線電頻率來載負不同的語音通道。到 1980 年代，第二代行動通訊出現，並且逐步向個人化通訊發展。其中有美國的 D-AMPS（Digital AMPS）、歐洲的 GSM（Global System for Mobile Communications）和 PCS（Personal Communication System）系統，頻段發展至 900 MHz 和 1,800 MHz。使用分時多工存取（time division multiple access, TDMA）及分頻多工存取等技術，更採用蜂巢式（cellular）網路架構（見圖 1-5）。此架構對行動通訊的普及化起了非常重要的作用，它是以多個小功率發射基地台（base station），取代一個大功率發射基地台。而每一個小功率基地台被配置特定頻譜來覆蓋一個面積。此架構能讓頻譜重複使用，也能同時支援多頻道同時通訊，而且鄰近的基地台所用的頻譜並不相同以避免互相干擾。

圖 1-5　蜂巢式網路架構

　　在第二代和第三代行動通訊之間出現第二點五代的行動電話，稱為 GPRS（General Packet Radio Service）。GPRS 以封包交換（packet switching）技術取代電路交換（circuit switching）技術來有效地運用頻譜。1990 年代起，隨著資料通訊與多媒體服務的需求，第三代行動通訊（3G）開始被應用。目前 3G 包括有：CDMA2000，WCDMA，TD-SCDMA，WiMAX。3G 在室內、室外和行車中能夠分別支持至少 2 Mbit/s、384 kbit/s 以及 144 kbit/s 的速度，使用 2 GHz 頻段。近年，第四代行動電話（4G）標準也被提出，其中可能的標準有 WiMAX（Worldwide Interoperability for Microwave Access）和 LTE（Long Term Evolution），從技術角度看，4G 的靜態傳輸速率能高達 1Gbit/s，而在高速移動下也可以達到 100 Mbit/s。

1.4　光纖通訊簡史

　　從無線電通訊的歷史中，我們可以看到為了提高傳輸速率，人們會應用更高的載波頻率。而微波的更高頻率將是紅外（infrared）及可見光（visible light）。最近全球資訊網路的發展對通訊的要求也越來越高，雖然現在的微波通訊能提供高流動性，但傳輸速率遠遠不及光纖通訊。現在各種寬頻技術及多媒體娛樂，也是由於光纖網路的支援才得以蓬勃發展，光纖通訊也成為人們的關注對象。以下將回顧一些光纖通訊的重要里程碑。

■1854 年，愛爾蘭科學家廷德爾（John Tyndall）指出水柱能作為光線的波導引導光波傳送[8]（見圖 1-6）。他可以說是光纖通訊的先驅，由於他對光通訊的貢獻，現在在光通訊領域的其中一項最高榮譽被稱為 John Tyndall Award。在愛爾蘭的科克（Cork）市，一所著名的國家研究所更被命名為廷德爾國家研究所（Tyndall National Institute），來紀念他對光纖通訊的貢獻。

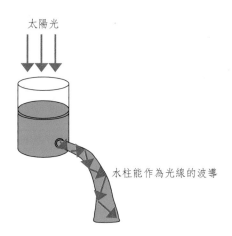

圖 1-6　水柱能作為光線的波導引導光波傳送

■1958 年，湯斯（Charles Townes）發表激發輻射而產生的微波放大器研究[9]，稱為 Microwave Amplification by Stimulated Emission of Radiation（MASER），更提出當物質受到激發時會產生一種不發散的強光。湯斯的研究成果發表之後，科學家紛紛提出各種實驗方案，在 1960 年，梅曼（Theodore Maiman）成功地使用紅寶石振盪產生「雷射」Light Amplification by the Stimulated Emission of Radiation（LASER）[10]。

■1966 年高錕（Charles Kao）提出可利用高品質玻璃作為光波導將光波長距離傳輸[4]，高錕更被譽為「光纖之父」。三年後，美國康寧公司用高純度石英生產出世界上第一條損耗率為 20 dB/km 的光纖[5]。圖 1-7 是高錕教授與筆者於 2005 年在香港合照。

圖 1-7　高錕教授與筆者於 2005 年在香港合照

■1980 年代，第一代光纖通訊系統出現。這個光纖通訊系統使用波長 800 nm 的雷射光源，傳輸速率達數十 Mbit/s，在傳輸時需要作光電（optical-to-electrical, OE）與電光（electrical-to-optical, EO）轉換來增強訊號。第二代光纖通訊系統使用較長波長 1300 nm 的雷射和單模光纖，傳輸速率高達 Gbit/s。在第三代的光纖通訊系統改用波長 1550 nm 的雷射，在這個波長時，光波在光纖的衰減是最少的，已經低至 0.2 dB/km。這些技術上的突破使第三代光纖通訊系統除了在傳輸速率能進一步提高外，而且光電與電光轉換的間隔可達到 100 km[11]。

■除有更好的雷射與光纖，1980 年代摻鉺光纖放大器（erbium-doped fiber amplifier, EDFA）[12-13]的誕生是光通訊歷史上的一個重要里程碑，它使光纖通訊可直接進行光訊號放大，不需要用成本高的光電與電光轉換來增強光訊號。另外，1990 年代分波多工（wavelength division multiplexing, WDM）的實際應用也大幅增加傳輸速率[14]。這兩項技術的發展讓光纖通訊系統的容量以倍數大幅躍進，其後出現的「乾」光纖（dry fiber）使光纖通訊不再限制在傳統的 C-波段[15]。到了 2010 年，在美國光電光纖通訊展覽會及研討會（Optical Fiber Communication Conference and Exposition, OFC）上所發表的傳輸速率達已經到達 69.1 Tbit/s 的驚人傳輸率[16]，足足是 80 年代光纖通訊系統的 1,536,000 倍之多。而傳輸率距離也到達 101.8 Pbit/s·km（9.6 Tb/s × 10,608 km）[17]，是 80 年代光纖通訊系統的 226,000,000 倍之多。

　　現在億萬公里長的光纖鋪設在海底及地下，建成一個錯綜複雜的網路，把人與人之間的距離縮短。新的光纖光學產業也不斷出現。最近光纖的普及使它逐漸進入家庭，發展成光纖到大樓及光纖到家等網路;更快及更節能的全光網路正在研究中，光纖通訊的發展還沒有結束，可能正是開始。

習題

1. 通訊系統中包括哪三個重要元素？
2. 請說明在第二代行動通訊中出現了哪些系統。
3. 請說明光纖通訊的優點與缺點。
4. 在 1980 和 1990 年代，為甚麼光纖通訊能大幅增加傳輸速率?

引用參考文獻

[1] S. Morse, U.S. Patent, No. 1,647 (1840)

[2] A. G. Bell, U.S. Patent, No. 174,465 (1876)

[3] G. Marconi, British Patent, No. 12,039 (1897)

[4] K. C. Kao and G. A. Hockham, "Dielectric-fibre surface waveguides for optical frequencies," *Proc. IEE,* vol. 113, pp. 1151, 1966

[5] F. P. Kapron, D. B. Keck, and R. D. Maurer, "Radiation losses in glass optical waveguides," *Appl. Phys. Lett.*, vol. 17, pp. 423, 1970

[6] J. C. Maxwell, "A dynamical theory of the electromagnetic field," *Philosophical Transactions of the Royal Society of London*, vol. 155, pp. 459, 1865

[7] H. R. Hertz, "Ueber sehr schnelle electrische Schwingungen," *Annalen der Physik*, vol. 267, pp. 421, 1887

[8] J. Tyndall, "On some phenomena connected with the motion of liquids," *Proc. Roy. Inst.*, vol. 1, pp. 446, 1854

[9] A. L. Schawlow and C. H. Townes, "Infrared and optical masers," *Physical Review*, vol. 112, pp. 1940, 1958

[10] T. H. Maiman, "Stimulated optical radiation in ruby," *Nature*, vol. 187, pp. 493, 1960

[11] A. H. Gnauck, et al, "4-Gbit/s transmission over 103 km of optical fiber using a novel electronic multiplexer/demultiplexer," *J. Lightw. Technol.*, vol. 3, pp. 1032, 1985

[12] R. J. Mears, L. Reekie, I.M. Jauncey and D. N. Payne, "Low-noise erbium-doped fibre amplifier at 1.54pm", *Electron. Lett.*, vol. 23, pp.1026, 1987

[13] E. Desurvire, J. Simpson, and P.C. Becker, "High-gain erbium-doped traveling-wave fiber amplifier," *Opt. Lett.*, vol. 12, pp. 888, 1987

[14] E. Delange, "Wideband optical communication systems, Part 11-Frequency division multiplexing," *Proc. IEEE*, vol. 58, pp. 1683,

1970

[15] G. A. Thomas, et al, "Towards the clarity limit in optical fibre," *Nature*, vol. 404, pp. 262, 2000

[16] A. Sano, et al, "69.1-Tb/s (432 x 171-Gb/s) C- and extended L-band transmission over 240 km using PDM-16-QAM modulation and digital coherent detection," *Proc. OFC*, PDPB7, 2010

[17] J. X. Cai, "Transmission of 96x100G pre-filtered PDM-RZ-QPSK channels with 300% spectral efficiency over 10,608km and 400% spectral efficiency over 4,368km," *Proc. OFC*, PDPB10, 2010

其它參考文獻

[1] J. Hecht, *City of Light, The Story of Fiber Optics*, Oxford University Press, 1999

[2] G. P. Agrawal, *Fiber-optic Communication Systems*, John Wiley & Sons, 2002

第二章

光纖

光在光纖中傳播的原理，是利用光纖芯（core）的折射率（refractive index）大於光纖包層（cladding）的折射率，使光在纖芯與包層的界面上不斷地發生全內反射（total internal reflection, TIR）現象，進而將光侷限在纖芯中進行傳播。光波導的出現最早可回溯到 1854 年，愛爾蘭科學家廷德爾指出水柱能作為光線的波導引導光波傳送[1]。但實際的應用則是在 1966 年，有「光纖之父」之稱的高錕教授提出可利用高品質玻璃作為光波導把光波作長距離傳輸，其損耗會低於 20 dB/km[2]。然後在 1970 年美國康寧公司依據此理論製造出低損耗的光纖。其後生產技術日趨成熟，成功研製出損耗（0.2 dB/km）接近理論極限值的光纖。本章將討論光纖結構、光纖特性，分析光纖模態、色散、色散補償及光纖中非線性光學效應等問題及應用。

2.1　光纖結構

光纖是由高純度的二氧化矽（SiO_2）抽絲而成的圓柱體，如圖 2-1 所示，其結構可分為纖芯、包層及套塑部分。纖芯直徑（2a）一般為 5-62.5μm，而包層直徑（2b）一般為 125μm。外面是套塑，材料大都是尼龍或聚乙烯，作用是保護光纖。

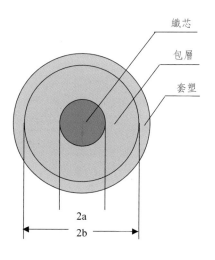

圖 2-1　光纖基本構造剖面圖

光纖可依傳輸模態（mode）、纖芯的折射率分布與材料的不同分類。傳輸模態也就是光在光纖中的通道，如圖 2-2 所示，就光纖內部所存在的傳輸模態數量而言，可分為單模光纖（single-mode fiber, SMF）與多模光纖（multi-mode fiber, MMF）。一般單模光纖纖芯直徑約為 8-10μm，多模光纖纖芯直徑約為 50-62.5μm。根據折射率分布的不同，光纖一般又可分為步階光纖（step-index fiber）與漸變光纖（graded-index fiber）兩種。

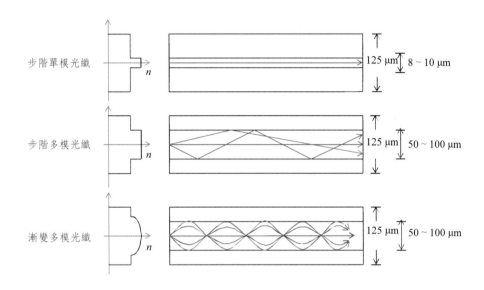

圖 2-2　常見的光纖種類

2.2　光纖特性

光纖通訊所具備之優點如下：(1)低傳輸損耗（0.2 dB/km）、(2)高頻寬（> 60 THz）、(3)無電磁波干擾及 (4)用之不竭的天然材料供應（二氧化矽）。

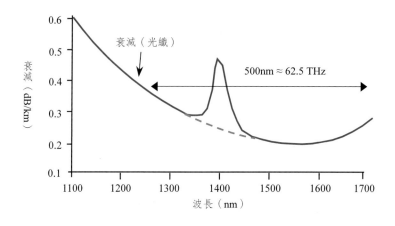

圖 2-3　光纖的衰減與波長關係

　　以下對光纖和高頻電線作一比較，在損耗方面，如圖 2-3 所示，光纖在 1550 nm 波段時損耗為 0.2 dB/km，而高頻電線的損耗則非常高，見圖 2-4。從成本方面來看，高頻電線比光纖高出很多。而在頻寬（bandwidth）方面，僅考慮光纖低傳輸損耗波段部份，其頻寬可大於 60 THz，見圖 2-3，然而電線的操作頻率則受限於纜線結構以及所使用的連接頭，而最新式高頻電線的頻寬也大約為 100 GHz。

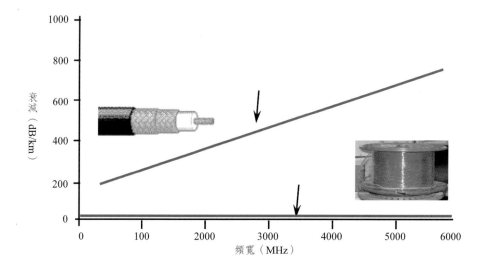

圖 2-4　同軸高頻電線和光纖的損耗比較

　　高頻電線一般採用同軸電纜（coaxial cable）結構，而它的操作頻率受限於纜線結構以及所使用的連接頭，以下討論其操作頻率的受限因素。圖 2-5 為高頻電線的公、母連接頭，其操作頻率受限於外部導體的內徑（A）、中心導體的直徑（B）及絕緣體的介電常數（permittivity）。式（2.1）為各種連接頭可操作的最大頻率：

$$f_c = \frac{2c}{(\pi(A+B))\sqrt{\varepsilon_r}} \tag{2.1}$$

　　c 為真空中的光速率，ε_r 為介電常數。許多連接頭的命名源自於它們的直徑大小（例如 2.9 mm 或 2.4 mm）。表 2-1 為一些典型高頻同軸電纜的連接頭規格。

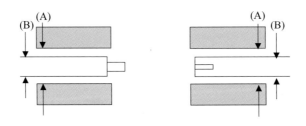

圖 2-5　高頻同軸電纜的連接頭

表 2-1　典型高頻電線的連接頭規格

電線規格	最高頻率
SMA	18 GHz (27 GHz)
3.5 mm	33 GHz
K	40 GHz
2.92 mm	40 GHz
2.4 mm	50 GHz
V	65 GHz
1.85 mm	65 GHz
W	110 GHz
1.0 mm	110 GHz

2.3 數值孔徑

當光線在光纖傳輸時，因為纖芯的折射率和光纖包層折射率不同，光線會依據司乃耳定律（Snell's law）進行折射。當纖芯的折射率大於光纖包層的折射率，而光線的入射角大於臨界角（critical angle）時，光線便在纖芯與包層的界面上不斷地發生全內反射，進而將光侷限在纖芯中進行傳播，見圖 2-6。司乃耳定律為：

$$n_0 \sin \theta_i = n_1 \sin \theta_1$$

n 為折射率，θ_i 和 θ_1 為入射角和折射角，當折射線角度大於臨界角 θ_c 時，全內反射便會發生

$$\sin \theta_c = \frac{n_2}{n_1} \qquad (2.2)$$

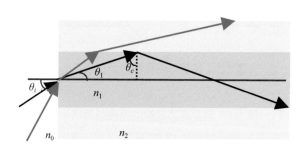

圖 2-6　光纖中的折射及全內反射現象

數值孔徑（numerical aperture, NA）定義為：

$$NA = n_0 \sin \theta_i$$
$$\because \theta_1 = 90° - \theta_c$$

$$NA|_{@ \, cricital\text{-}angle} \equiv n_0 \sin \theta_i = n_1 \cos \theta_c = n_1 \frac{\sqrt{n_1^2 - n_2^2}}{n_1} = \sqrt{n_1^2 - n_2^2}$$

$$\because n_1 \cong n_2$$

$$NA = \sqrt{n_1^2 - n_2^2} = \sqrt{(n_1 + n_2)(n_1 - n_2)}$$

$$\cong \sqrt{2n_1^2 \frac{(n_1 - n_2)}{n_1}} = n_1(2\Delta)^{\frac{1}{2}} \; ; \; \Delta = \frac{n_1 - n_2}{n_1} \tag{2.3}$$

數值孔徑越大，光越容易被導入光纖中，因此大數值孔徑的光纖對光入射偏移的容忍度也較好。

2.4　馬克斯威爾方程式

首先複習一下馬克斯威爾方程式，在之後的部份會用到它們來解答一些光波導的問題。**E** 和 **H** 為電場與磁場強度（單位分別為 V/m 和 A/m）。**B** 和 **D** 為電通與磁通密度（單位分別為 Wb/m^2 和 C/m^2）。

$$\nabla \times \mathbf{E} = -\frac{\partial \mathbf{B}}{\partial t} \tag{2.4}$$

$$\nabla \times \mathbf{H} = \mathbf{J} + \frac{\partial \mathbf{D}}{\partial \mathbf{t}} \tag{2.5}$$

$$\nabla \cdot \mathbf{B} = \mathbf{0} \tag{2.6}$$

$$\nabla \cdot \mathbf{D} = \rho \tag{2.7}$$

通量（flux）與場（field）強度相互關係為：

$$\mathbf{B} = \mu \mathbf{H} = \mu_0 \mu_r \mathbf{H} \tag{2.8}$$

$$\mathbf{D} = \varepsilon \mathbf{E} = \varepsilon_0 \varepsilon_r \mathbf{E} \tag{2.9}$$

μ_0 為真空導磁率（permeability），其值是 $4\pi \times 10^{-7}$ H/m，ε_0 為真空介電常數（permittivity），其值是 $1/(36\pi) \times 10^{-9}$F/m。真空中的光速率可表示為：

$$c = \frac{1}{\sqrt{\varepsilon_0 \mu_0}} \tag{2.10}$$

在無源介質中（J = 0, ρ = 0），分別對式（2.4）等號兩邊作旋度（curl）運算（$\nabla \times$）可得：

$$\nabla \times (\nabla \times \mathbf{E}) = -\nabla \times \frac{\partial \mathbf{B}}{\partial t}$$

$$\nabla \times (\nabla \times \mathbf{E}) = -\mu \frac{\partial}{\partial t}(\nabla \times \mathbf{H})$$

因為

$$\nabla \times (\nabla \times \mathbf{E}) = \nabla(\nabla \cdot \mathbf{E}) - \nabla^2 \mathbf{E}$$

$$\nabla \cdot \mathbf{E} = \nabla \cdot \left(\frac{1}{\varepsilon} \mathbf{D}\right) = \frac{\rho}{\varepsilon} = 0$$

因此

$$-\nabla^2 \mathbf{E} = -\mu \frac{\partial}{\partial t}(\nabla \times \mathbf{H})$$

代入式（2.5）可得：

$$\nabla^2 \mathbf{E} = \mu\varepsilon \frac{\partial^2 \mathbf{E}}{\partial t^2} \tag{2.11}$$

將時間變數 t 及空間變數 x 獨立，可得式（2.11）的解為：

$$\mathbf{E}(x, t) = \mathbf{E}_0 \exp j(\omega t - kx) \tag{2.12}$$

k 為波數（wave number）或稱為傳播常數（propagation constant），ω 為角頻率（angular frequency），定義為：

$$k = \frac{2\pi}{\lambda}$$

$$\omega = \frac{2\pi}{T}$$

（2.13）

E 和 **H** 彼此相關且相互垂直

$$\mathbf{E} = \sqrt{\frac{\mu}{\varepsilon}}\mathbf{H}$$

（2.14）

$\sqrt{\dfrac{\mu}{\varepsilon}}$ 稱為波阻抗（wave impedance），可表示為：

$$\eta = \sqrt{\frac{\mu}{\varepsilon}}$$

（2.15）

其真空中約為 377 Ω。

2.5　菲涅耳反射

　　菲涅耳方程式（Fresnel equation）是描述光在兩種不同折射率的介質中傳播時的反射和折射，可利用邊界條件（boundary conditions）找出當光線入射到介面時的特性。以下利用橫向磁場模態（transverse magnetic, TM）來說明。

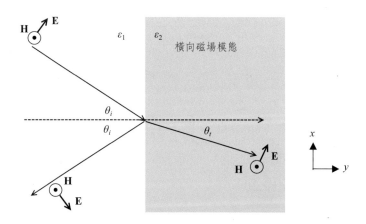

圖 2-7　光在兩種不同折射率的介質中傳播時的反射和折射

從圖 2-7 可見，介面上電場 **E** 切線（tangential）方向連續

$$E_i \cos \theta_i - E_r \cos \theta_i = E_t \cos \theta_t \qquad (2.16)$$

介面上磁場 **H** 切線（tangential）方向連續

$$\frac{1}{\eta_1}(E_i + E_r) = \frac{1}{\eta_2} E_t \qquad (2.17)$$

將式（2.16）除以式（2.17）

$$\frac{\eta_1(E_i - E_r)\cos\theta_i}{E_i + E_r} = \eta_2 \cos\theta_t$$

$$\frac{E_r}{E_i} = \frac{\eta_1 \cos\theta_i - \eta_2 \cos\theta_t}{\eta_1 \cos\theta_i + \eta_2 \cos\theta_t} \qquad (2.18)$$

對非磁性材料而言，$\mu_1 = \mu_2 = \mu_0$、折射率 $n = \sqrt{\mu_r \varepsilon_r}$

$$\frac{\sin\theta_t}{\sin\theta_i} = \frac{n_1}{n_2} = \frac{\eta_2}{\eta_1} \qquad (2.19)$$

因此式（2.18）可推導為：

$$\boxed{\frac{E_r}{E_i} = \frac{n_2 \cos\theta_i - n_1 \cos\theta_t}{n_2 \cos\theta_i + n_1 \cos\theta_t}} \qquad (2.20)$$

從式（2.16）可得出：

$$\cos\theta_i \left(1 - \frac{E_r}{E_i}\right) = \frac{E_t}{E_i} \cos\theta_t \qquad (2.21)$$

將式（2.21）代入式（2.20）

$$\boxed{\frac{E_t}{E_i} = \frac{2n_1 \cos\theta_i}{n_2 \cos\theta_i + n_1 \cos\theta_t}} \qquad (2.22)$$

因為強度可表示為 $I = \dfrac{1}{2\eta}|E|^2$，當波為正向入射，即 $\theta_i = 90°$

$$\frac{I_r}{I_i} = \frac{(n_2 - n_1)^2}{(n_1 + n_2)^2} \qquad\qquad (2.23)$$

$$\frac{I_t}{I_i} = \frac{4n_1 n_2}{(n_1 + n_2)^2} \qquad\qquad (2.24)$$

2.6　相速度與群速度

相速度（phase velocity）是波的相位在空間中傳遞的速度，如圖 2-8 所示。

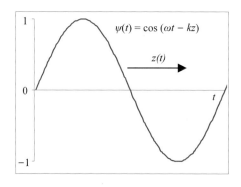

圖 2-8　相速度的示意圖

相速度定義為：

$$\psi(t) = \cos(\omega t - kz)$$

$$\omega t - kz = \text{constant}$$

$$v_{phase} = \frac{dz}{dt} = \frac{\omega}{k}$$

群速度（group velocity）為波群組成之脈衝波，或稱為包絡（envelope）的速度，即是波振幅外形上的變化在空間中所傳遞的速度，如圖 2.9 所示

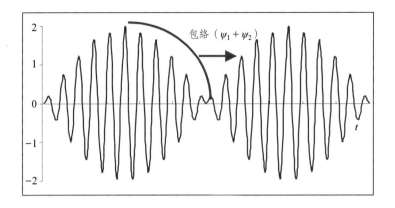

圖 2.9　群速度的示意圖

當兩波相加時

$$\psi_1 = \cos[(\omega + \Delta\omega)t - (k + \Delta k)z]$$

$$\psi_2 = \cos[(\omega - \Delta\omega)t - (k - \Delta k)z]$$

$$\psi_1 + \psi_2 = 2\cos(\omega t - kz)\cos(\Delta\omega t - \Delta kz) \tag{2.25}$$

此組合波（或包絡）可表示為：

$$\psi_{envelope} = 2\cos(\Delta\omega t - \Delta kz)$$

因此，群速度為：

$$V_{group} = \frac{dz}{dt} = \frac{\Delta\omega}{\Delta k} = \frac{d\omega}{dk} \tag{2.26}$$

2.7　板狀導波

　　我們從司乃耳定律得知，當入射角大於臨界角 $\theta_1 > \theta_c$，全內反射便會發生，而 $\sin\theta_c = \dfrac{n_3}{n_1}$。從圖 2-10 的板狀導波（slab waveguide）可見，相速度 v_{phase} 是：

$$v_{phase} = f\lambda = \frac{2\pi f}{2\pi/\lambda} = \frac{\omega}{\beta} = \frac{c}{n_1 \sin\theta_1}$$

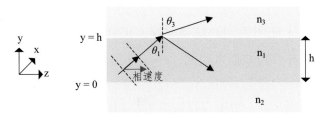

圖 2-10　板狀導波

而媒介內的傳播常數 β，及真空的傳播常數 k_0 是：

$$\beta = \frac{n_1\,\omega\,\sin\theta_1}{c} = n_1\,k_0\,\sin\theta_1 \quad,\quad k_0 \equiv \frac{2\pi}{\lambda}$$

現在我們定義有效折射率（effective refractive index）為：

$$n_{eff} = \frac{\beta}{k_0}$$

所以

$$n_{eff} = n_1\,\sin\theta_1$$

$$n_{eff} \le n_1$$

$$\Rightarrow \beta \le n_1 k_0$$

在全內反射的條件下

$$\sin\theta_1 \ge \sin\theta_c = \frac{n_3}{n_1}$$

$$\Rightarrow \sin\theta_1 \ge \frac{n_3}{n_1}$$

$$\Rightarrow n_3 \le n_1\,\sin\theta_1$$

$$\Rightarrow n_3 \le n_{eff}$$

最後我們得出結論是：

$$n_3 \leq n_{eff} \leq n_1 \quad , \quad \text{or} \quad n_3 k_0 \leq \beta \leq n_1 k_0 \tag{2.27}$$

現在我們利用 2.4 節所得到的結果來探討板狀導波的特性，圖 2-10 為板狀導波，第 i 層介質中的波動方程式（$i = 1, 2$ 或 3）為：

$$\nabla^2 \mathbf{E} - \mu_0 \varepsilon_0 n_i^2 \frac{\partial^2 \mathbf{E}}{\partial t^2} = 0 \tag{2.28}$$

此處折射率 $n_1 > n_2 > n_3$ 且 $n_i^2 = \mu_r \varepsilon_r$。第 1、2 和 3 層分別代表導波層（guiding layer）、基板（substrate）及包層（cladding）。我們已知橫向電場模態（transverse electric, TE）僅有 x 方向分量 $\mathbf{E_x}(\mathbf{E_y} = \mathbf{E_z} = 0)$，橫向磁場模態（transverse magnetic, TM）僅有 x 方向分量 $\mathbf{H_x}(\mathbf{H_y} = \mathbf{H_z} = 0)$，如圖 2-11 所示。

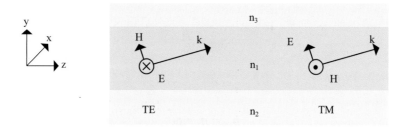

圖 2.11　板狀導波的 TE、TM 模態

僅考慮 TE 波（$\mathbf{E_y} = \mathbf{E_z} = 0$，$\mathbf{E_x}$，$\mathbf{H_y}$ 和 $\mathbf{H_z}$ 等分量存在）

$$\frac{\partial^2 E_x}{\partial y^2} + \frac{\partial^2 E_x}{\partial z^2} - \mu_0 \varepsilon_0 n_i^2 \frac{\partial^2 E_x}{\partial t^2} = 0 \tag{2.29}$$

式（2.29）其一解為

$$E_x = \phi(y)\exp[\,j(\omega t - \beta z)] \tag{2.30}$$

將式（2.30）代入式（2.29），並用 $k_0 = \omega\sqrt{\mu_0\varepsilon_0}$，可得出

$$\frac{\partial^2 \phi_i}{\partial y^2} + (n_i^2 k_0^2 - \beta^2)\phi_i = 0 \qquad (2.31)$$

藉由式（2.27）的光路分析，我們可以得到波導層（$0 \leq y \leq h$）關係式

$$n_1^2 k_0^2 - \beta^2 \geq 0 \qquad (2.32)$$

於是可以定義

$$b_1 \equiv \sqrt{n_1^2 k_0^2 - \beta^2} \qquad (2.33)$$

將式（2.33）代入式（2.31）可得到

$$\frac{\partial^2 \phi_1}{\partial y^2} + b_1{}^2 \phi_1 = 0$$

$$\therefore \phi_1 = A\cos b_1 y + B\sin b_1 y \qquad (2.34)$$

其中 A 和 B 為常數。

因為當 $i = 2, 3;\ n_i^2 k_0^2 - \beta^2 < 0$，對於基板及包層，我們分別可以定義為，

基板：

$$b_2 \equiv \sqrt{\beta^2 - n_2^2 k_0^2} \qquad (2.35)$$

包層：

$$b_3 \equiv \sqrt{\beta^2 - n_3^2 k_0^2} \qquad (2.36)$$

將上兩式代入式（2.31），且因為 $y < 0$ 和 $y > h$，

基板：

$$\frac{\partial^2 \phi_2}{\partial y^2} - b_2^2 \phi_2 = 0$$

$$\phi_2 = C \exp b_2 y \qquad (2.37)$$

包層：

$$\frac{\partial^2 \phi_3}{\partial y^2} - b_3^2 \phi_3 = 0$$

$$\phi_3 = D \exp(b_3(h - y))$$

$$\phi_3 = D \exp(-b_3(y - h)) \qquad (2.38)$$

其中 C 和 D 為常數。

最後代入邊界條件求常數 A, B, C, D 之相互關係：

(i) 電場 **E** 切線方向連續，在 $y = 0$ 處

$$\phi_1 = A$$

$$\phi_2 = C$$

$$\Rightarrow A = C \qquad (2.39)$$

在 $y = h$ 處

$$\phi_1 = A \cos b_1 h + B \sin b_1 h$$

$$\phi_3 = D$$

$$\Rightarrow D = A \cos b_1 h + B \sin b_1 h \qquad (2.40)$$

(ii) 磁場 H 切線方向連續，因為 $\nabla \times \mathbf{E} = -\mu \dfrac{\partial \mathbf{H}}{\partial t}$ ，僅考慮 z 分量，$H_z = \dfrac{1}{j\omega\mu_0} \dfrac{\partial \phi}{\partial y} \exp[j(\omega t - \beta z)]$ ，因此磁場 H 切線方向連續暗示了 $\dfrac{\partial \phi}{\partial y}$ 之連續性。

(iii) $\dfrac{\partial \phi}{\partial y}$ 之連續性，在 $y = 0$ 處

$$\frac{\partial \phi_1}{\partial y} = Bb_1$$

$$\frac{\partial \phi_2}{\partial y} = Cb_2$$

$$\Rightarrow Bb_1 = Cb_2 \qquad\qquad (2.41)$$

(iv) $\frac{\partial \phi}{\partial y}$ 之連續性，在 y = h 處

$$-Ab_1 \sin b_1 h + Bb_1 \cos b_1 h = -b_3 D \qquad\qquad (2.42)$$

因此我們得到四條方程式（2.39）至（2.42），同時有四個變數（A, B, C, D），先用式（2.40）和式（2.42）排除 D

$$-Ab_1 \sin b_1 h + Bb_1 \cos b_1 h = -b_3(A \cos b_1 h + B \sin b_1 h)$$

$$\Rightarrow A(b_3 \cos b_1 h - b_1 \sin b_1 h) + B(b_3 \sin b_1 h + b_1 \cos b_1 h) = 0$$

然後用式（2.39）和式（2.41）排除 C

$$Bb_1 = Ab_2$$

$$\Rightarrow B = A\frac{b_2}{b_1}$$

然後排除 A 和 B

$$A(b_3 \cos b_1 h - b_1 \sin b_1 h) + A\frac{b_2}{b_1}(b_3 \sin b_1 h + b_1 \cos b_1 h) = 0$$

$$\Rightarrow b_1(b_3 \cos b_1 h - b_1 \sin b_1 h) + b_2(b_3 \sin b_1 h + b_1 \cos b_1 h) = 0$$

$$\Rightarrow b_1(b_2 + b_3)\cos b_1 h - (b_1^2 - b_2 b_3)\sin b_1 h = 0$$

最後得出：

$$\boxed{\tan b_1 h = \frac{b_1(b_2 + b_3)}{b_1^2 - b_2 b_3}} \qquad\qquad (2.43)$$

其中設歸一化傳播常數（normalized propagation constant） b

$$b \equiv \frac{\beta^2 - n_2^2 k_0^2}{(n_1^2 - n_2^2) k_0^2} = \left(\frac{b_2^2}{b_1^2 + b_2^2}\right) \qquad (2.44)$$

設歸一化頻率（normalized frequency）V

$$V \equiv k_0 h \sqrt{(n_1^2 - n_2^2)} = \left(h \sqrt{b_1^2 + b_2^2}\right) \qquad (2.45)$$

設非對稱參數 a

$$a = \frac{n_2^2 - n_3^2}{n_1^2 - n_2^2} = \left(\frac{b_3^2 - b_2^2}{b_1^2 + b_2^2}\right) \qquad (2.46)$$

將式（2.44）至式（2.46）代入式（2.43），我們可得最終簡化的歸一化特徵值方程式（normalized Eigen-value equation）：

$$\tan(V\sqrt{1-b}) = \sqrt{1-b}\frac{\sqrt{b}+\sqrt{b+a}}{1-b-\sqrt{b(b+a)}} \qquad (2.47)$$

運用數值解或是圖解法求得 b-V 相互關係，並藉由歸一化傳播常數 b 求得波導中光的不同模態（mode），而式（2.34）、（2.37）和（2.38）最後可寫成：

當 $0 < y < h$

$$\phi_1 = A\left(\cos b_1 y + \frac{b_2}{b_1} \sin b_1 y\right) \qquad (2.48)$$

當 $y < 0$

$$\phi_2 = A \exp b_2 y \qquad (2.49)$$

當 $y > h$

$$\phi_3 = A\left(\cos b_1 h + \frac{b_2}{b_1} \sin b_1 h\right)\exp\left(-b_3(y-h)\right) \qquad (2.50)$$

因為波導中可傳遞的能量大小並無限制，因此 A 值為一任意常數。

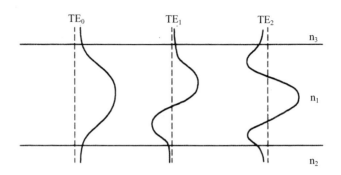

圖 2-12 三層平面板狀導波中三個較低階模態的電場分佈

單模波導僅容許單一模態進行傳輸，其他模態會被中止（cut-off）。將 $b = 0$ 代入式（2.47）可得

$$\pi + \tan^{-1}\sqrt{a} > V > \tan^{-1}\sqrt{a}$$

$$\boxed{\frac{\pi + \tan^{-1}\sqrt{a}}{k_0\sqrt{n_1^2 - n_2^2}} > h > \frac{\tan^{-1}\sqrt{a}}{k_0\sqrt{n_1^2 - n_2^2}}} \qquad （2.51）$$

在模態特性方面，歸一化特徵值方程的解會得出不同的歸一化傳播常數 β，而每一個歸一化傳播常數對應到一個特定模態，即一個特定場分佈，而且不同的模態是互相正交的（orthogonal），彼此不會互相影響。

2.8 光纖模態

以上章節探討了板狀導波的波導歸一化特徵值方程式，本節討論較複雜的圓柱狀波導（或者光纖），見圖 2-13。

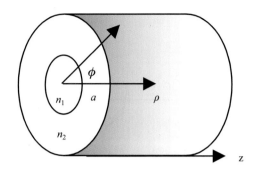

圖 2-13　圓柱狀波導（或光纖）示意圖

對光纖而言，板狀導波所用到的 x，y 和 z 座標要轉換到式（2.52）中 ρ，ϕ 和 z 的圓柱座標軸，n 為光纖折射率，k 為光在的傳播常數。

$$\frac{\partial^2 E_z}{\partial \rho^2} + \frac{1}{\rho}\frac{\partial E_z}{\partial \rho} + \frac{1}{\rho^2}\frac{\partial^2 E_z}{\partial \phi^2} + \frac{\partial^2 E_z}{\partial z^2} + n^2 k_0^2 E_z = 0$$

$$n = \begin{cases} n_1; & \rho \leq a \\ n_1; & \rho > a \end{cases} \tag{2.52}$$

利用 $E_z(\rho, \phi, z) = F(\rho) \cdot \Phi(\phi) \cdot Z(z)$，可得出：

$$\frac{d^2 Z}{dz^2} + \beta^2 Z = 0$$

$$\frac{d^2 \Phi}{d\phi^2} + m^2 \Phi = 0$$

$$\frac{d^2 F}{d\rho^2} + \frac{1}{\rho}\frac{dF}{d\rho} + \left(n^2 k_0^2 - \beta^2 - \frac{m^2}{\rho^2}\right)F = 0 \tag{2.53}$$

因此，可以得解：

$$Z = e^{j\beta z}$$

$$\Phi = e^{jm\phi}$$

$$F(\rho) = \begin{cases} AJ_m(p\rho) + A'Y_m(p\rho); & \rho \leq a \\ CK_m(q\rho) + C'I_m(q\rho); & \rho > a \end{cases} \tag{2.54}$$

p 和 q 定義為：

$$\begin{cases} p^2 = n_1{}^2 k_0{}^2 - \beta^2 \\ q^2 = \beta^2 - n_2{}^2 k_0{}^2 \end{cases} \qquad (2.55)$$

此處 A, A', C, C' 為常數，J_m, Y_m, K_m 和 I_m 為不同類型的貝索函數（Bessel function）。當中可觀察到：

(i)$\beta^2 > n_1{}^2 k_0{}^2$ 是纖芯及包層的非導波模態；

(ii)$n_1{}^2 k_0{}^2 > \beta^2 > n_2{}^2 k_0{}^2$ 是纖芯的導波模態，但是包層的非導波模態；

(iii)$n_2{}^2 k_0{}^2 > \beta^2$ 是纖芯及包層的導波模態；

最終求得特徵值方程式：

$$\left[\frac{J'_m(pa)}{pJ_m(pa)} + \frac{K'_m(qa)}{qK_m(qa)} \right] \cdot \left[\frac{J'_m(pa)}{pJ_m(pa)} + \frac{n_2^2 K'_m(qa)}{n_1^2 qK_m(qa)} \right] = \frac{m^2}{a^2} \left(\frac{1}{p^2} + \frac{1}{q^2} \right) \left(\frac{1}{p^2} + \frac{n_2^2}{n_1^2 q^2} \right)$$

$$(2.56)$$

以下是光纖模態的特性：

· 對於一組特定的參數值 k_0，a，n_1，n_2，特徵值方程式可求得一個歸一化傳播常數 β。

· 與板狀導波不同的是，光纖中 **E** 場與 **H** 場的切線分量方程式之間相互關聯，所以光纖模態為混合模態，以 **HE$_{mn}$** 或 **EH$_{mn}$** 表示（取決於 **H$_z$** 或 **E$_z$** 的主導）。

現在使用和板狀波導管相同的歸一化，利用歸一化頻率 V 和歸一化傳播常數 b，如下所示：

$$V = k_0 a (n_1^2 - n_2^2)^{1/2} \approx (2\pi/\lambda) a n_1 \sqrt{2\Delta} \qquad (2.57)$$

$$b = \frac{\beta/k_0 - n_2}{n_1 - n_2} \qquad (2.58)$$

　　圖 2-14 顯示不同 b 值和 V 值下的光纖模態，這些光纖模態為式（2.56）的解。從圖 2-14 可見，當 $V < 2.405$ 時，光纖只支援最基本的 HE_{11} 模態，這就是所謂的單模光纖，我們也可利用式（2.57）、V 值及波長來計算出光纖纖芯的大小。

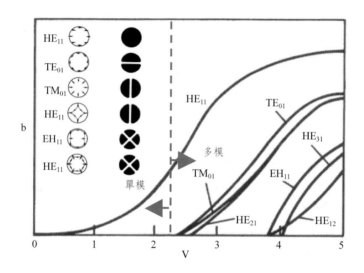

圖 2-14　光纖 b-V 圖。插圖為電場強度和實際模態示意圖

2.9　雙折射效應與偏極化模態色散

　　光是一種電磁波，如果電場振動只發生在一個平面內，亦即電場振動方向及磁場振動方向固定的光稱為偏振光。其電場方向便稱為光的偏振（polarization）方向。光纖在生產時纖芯並非全是正圓，或外界對光纖的非對稱壓力，皆會造成光纖之雙折射效應（birefringence），由於光纖之雙折射效應，光纖中傳送的光線會部分會變慢，如同光線感受到不同的折射率一樣。如圖 2-15 所示，我們可以設光纖的 x- 軸和 y- 軸的折射率為 n_x 和 n_y，光纖之雙折射效應會產生偏極化模態色散（polarization-mode dispersion, PMD），導致光脈衝訊號的伸延。要注意的是偏極化模態色散的值在光纖中是一個統計數字，其單位為 $ps/\sqrt{km}$，在一般單模光纖中，其值小於

$0.1\mathrm{ps}/\sqrt{km}$。

　　可利用偏振保持光纖（polarization maintaining fiber, PMF）來讓光在光纖內傳送時保持其偏振方向。偏振保持光纖的主要原理是把纖芯內的 n_x 和 n_y 變大，因此受到環境的影響也大大減低。

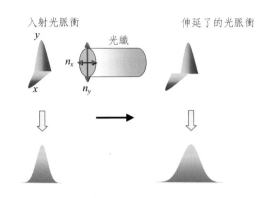

圖 2-15　光纖之雙折射效應產生偏極化模態色散

2.10　色散

　　光脈衝在光纖中傳播會隨傳播距離之增加而逐漸變寬，如圖 2-16 所表示，這種現象稱為色散（chromatic dispersion），此現象會使傳送的位元產生符元干擾（inter-symbol interference, ISI），造成位元錯誤（bit error）。

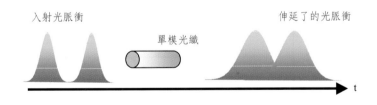

圖 2-16　群速度色散

色散可分為：

　　■模間色散（inter-modal dispersion）：由於各模態的傳輸延遲不一

致，使得到達接收端的時間也不一致，即光線在不同的光路徑行走，一般發生在多模態光纖中。

■模內色散（intra-modal dispersion）：主要是由於雷射光源並不是單一波長，輸出光譜有一定之線寬（linewidth）。雖然同一模態在光纖中傳播的路徑相同，但是由於介質折射率是波長之函數，不同波長有不同的折射率，而且傳播速率也不一致。這亦稱為不同的群速度色散（group velocity dispersion, GVD）。模內色散又可細分為材料色散（material dispersion）及波導色散（waveguide dispersion）：

· 材料色散是折射率 n 與波長 λ 相關；

· 波導色散是歸一化頻率 V 與波長 λ 相關。

雖然材料色散與波導色散均為波長之函數，兩者在波長為 1.31 μm 處互相補償抵消，即在此波長時單模態光纖之色散值為零，稱為零色散波長（zero dispersion wavelength）。可以通過改變材料色散與波導色散值來調整零色散波長值，因此可生產出一些特別的光纖，如圖 2-17 所示的色散位移光纖（dispersion shifted fiber）[3, 4]和色散平坦光纖（dispersion flattened fiber）等。

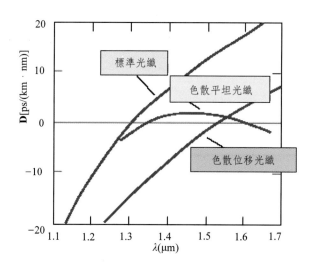

圖 2-17　不同光纖的色散參數與波長關係

首先，我們考慮 GVD，不同波長的脈衝以不同的群速度行進，而傳播常數也為波長之函數，傳播常數可寫成：

$$\beta = nk_0 = n\left(\frac{\omega}{c}\right) = n\left(\frac{2\pi}{\lambda}\right)$$

$$\beta(\omega) = n(\omega)\frac{\omega}{c} \tag{2.59}$$

當 β 展開後可得出：

$$\beta(\omega) = \beta_0 + \beta_1(\omega - \omega_0) + \frac{\beta_2}{2}(\omega - \omega_0)^2 + ..., \beta_m = \frac{d^m\beta}{d\omega^m}\bigg|_{\omega = \omega_0} \tag{2.60}$$

已知相速度和群速度分別為：$v_p = \frac{\omega}{\beta}$; $v_g = \frac{d\omega}{d\beta}$;
考慮 β_1

$$\beta_1 = \frac{1}{v_g} = \frac{d\beta}{d\omega} = \frac{d\left(n(\omega)\frac{\omega}{c}\right)}{d\omega} = \frac{1}{c}\left(n(\omega) + \omega\frac{dn(\omega)}{d\omega}\right)$$

$$\because v_g = \frac{c}{n_g}$$

$$\therefore n_g = n(\omega) + \omega\frac{dn(\omega)}{d\omega} \tag{2.61}$$

或者以 λ 表示

$$\beta_1 = \frac{1}{c}\left(n(\lambda) + \frac{2\pi c}{\lambda}\frac{dn(\lambda)}{d\lambda}\frac{d\lambda}{d\omega}\right) = \frac{1}{c}\left(n(\lambda) + \frac{2\pi c}{\lambda}\frac{dn(\lambda)}{d\lambda}\frac{-\lambda^2}{2\pi c}\right) = \frac{1}{c}\left(n(\lambda) - \lambda\frac{dn(\lambda)}{d\lambda}\right)$$

考慮 β_2

$$\beta_2 = \frac{d^2\beta}{d\omega^2} = \frac{d\beta_1}{d\omega} = \frac{1}{c}\left(2\frac{dn(\omega)}{d\omega} + \omega\frac{d^2n(\omega)}{d\omega^2}\right) \tag{2.62}$$

β_2 也可寫成

$$\beta_2 = \frac{d\beta_1}{d\omega} = \frac{1}{c}\frac{dn_g(\omega)}{d\omega}$$

$$\Rightarrow \Delta n_g = c\beta_2\Delta\omega \qquad\qquad (2.63)$$

從式（2.63）中可以得到一些非常有用的訊息，當時 $\beta_2 > 0$，高頻率的部份，或藍色的部份（blue component）會比紅色的部份（red component）跑得慢，這稱為正常色散（normal dispersion）。而當 $\beta_2 < 0$ 時，高頻率的部份（藍色的部份）會比紅色的部份跑得快，這稱為反常色散（anomalous dispersion）。正常色散出現在一般的色散中，如圖 2-18 的三棱鏡色散實驗中，藍色部份比紅色部份跑得慢，使折射角也變大，但在光纖中，色散特性取決於波長值，如圖 2-19 所示，在波長為 1.5 μm 時，光纖呈現出反常色散。

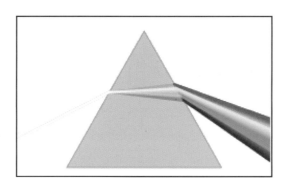

圖 2-18　三棱鏡色散實驗

現在分析 GVD 參數 β_2 與色散參數（dispersion parameter, D）的關係，當一個光脈衝訊號其頻譜寬（spectral width）為 $\Delta\omega$，通過一條長 L 的光纖時，其脈衝時寬（pulse width）的增加為：

$$\Delta T = \frac{dT}{d\omega}\Delta\omega = \frac{d}{d\omega}\left(\frac{L}{v_g(\omega)}\right)\Delta\omega = L\frac{d^2\beta}{d\omega^2}\Delta\omega$$

$$\beta_2 \equiv \frac{d^2\beta}{d\omega^2} \qquad\qquad (2.64)$$

用 $\Delta\lambda$ 代表

$$\Delta T = \frac{d}{d\lambda}\left(\frac{L}{v_g}\right)\Delta\lambda \equiv DL\Delta\lambda$$

$$D = \frac{d}{d\lambda}\left(\frac{1}{v_g}\right) = \frac{d}{d\omega}\left(\frac{1}{v_g}\right)\frac{d\omega}{d\lambda} = -\frac{2\pi c}{\lambda^2}\beta_2$$

$$\boxed{D = -\frac{2\pi c}{\lambda^2}\beta_2} \hspace{3cm} （2.65）$$

從圖 2-19 可見 GVD 參數 β_2 與色散參數 D 的關係，要注意的是它們是反向的。在標準的單模光纖中，當波長為 1.5 μm 時，色散參數 D 值為 +17 ps/nm km。通常 $B\Delta T < 1$，所以位元速率與距離乘積（bit-rate distance product）為：

$$B\Delta T < 1$$
$$\Rightarrow BL|D|\Delta\lambda < 1$$
$$\Rightarrow BL < \frac{1}{|D|\Delta\lambda} \hspace{3cm} （2.66）$$

其次要注意的是色散斜率（dispersion slope），它對分波多工系統來說非常重要，因它能影響分波多工系統中可支援的波長數目。色散斜率可表示為：

$$S \equiv \frac{dD}{d\lambda} = \frac{d}{d\lambda}\left(-\frac{2\pi c}{\lambda^2}\beta_2\right)$$

$$= \frac{4\pi c}{\lambda^3}\beta_2 - \frac{2\pi c}{\lambda^2}\frac{d\beta_2}{d\lambda}$$

$$= \frac{4\pi c}{\lambda^3}\beta_2 - \frac{2\pi c}{\lambda^2}\frac{d\beta_2}{d\omega}\frac{d\omega}{d\lambda}$$

$$= \frac{4\pi c}{\lambda^3}\beta_2 + \left(\frac{2\pi c}{\lambda^2}\right)^2\beta_3 \hspace{2cm} （2.67）$$

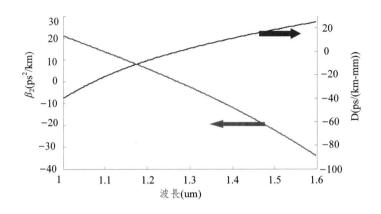

圖 2-19　光纖中的 β_2 與色散參數 D 的關係

2.11　啾頻脈衝

啾頻脈衝（chirped pulse）與一般的光脈衝分別在於其電場的頻率隨著時間改變。假設一個啾頻高斯（Gaussian）光脈衝，其初始的電場可寫成：

$$A(0, t) = A_0 \exp\left[-\frac{1+iC}{2}\left(\frac{t}{T_0}\right)^2\right] \tag{2.68}$$

當中 C 為啾頻參數（chirped parameter），A_0 為波幅，T_0 為 1/e 的半脈衝時寬（pulse half-width）。一個電磁波的相位可寫成距離 z 和時間 t 的關係：$\phi = \beta z - \omega t$，其電場的瞬間頻率（instantaneous frequency）是相位的微分，可寫成：

$$\delta\omega\,(t) \equiv -\frac{\partial\phi}{\partial t} \tag{2.69}$$

所以啾頻高斯光脈衝的瞬間頻率和時間成正比

$$\phi = \beta z - \omega t$$

$$\Rightarrow \delta\omega\,(t) \equiv -\frac{\partial\phi}{\partial t} = \frac{C}{T_0^2}t \tag{2.70}$$

圖 2-20 為一線性（linear）的啾頻高斯光脈衝，可見電場的振動頻率和時間成正比。

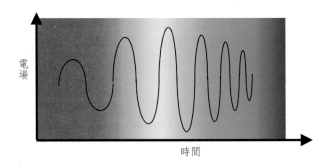

電場

時間

圖 2-20　線性啾頻高斯光脈衝的示意圖

現將式（2.68）進行傅立葉轉換（Fourier transform），可得：

$$\tilde{A}(0, \omega) = \int_{-\infty}^{\infty} A(0, t)e^{i\omega t}\,dt$$

$$= A_0 \left(\frac{2\pi T_0^2}{1 + iC}\right)^{1/2} \exp\left[\frac{-\omega^2 T_0^2}{2(1 + iC)}\right] \tag{2.71}$$

其 1/e 半頻譜寬（spectral half-width）為：

$$\Delta\omega = \frac{\sqrt{1 + C^2}}{T_0} \tag{2.72}$$

當 $C = 0$，$\Delta\omega \cdot \Delta T_0 = 1$，這表示在沒有啾頻時，光脈衝 1/e 半脈衝時寬和 1/e 半頻譜寬的積是 1，此數值也代表一個光脈衝的時域（time domain）能完整的在頻域（frequency domain）中轉換過來，頻譜中也沒有過剩的頻譜成份，此光脈衝稱為轉換極限（transform limited）。如圖 2-21 所示，有、無啾頻的光脈衝在時域上看起來是相同的，但在頻域上可觀察到有啾頻的光脈衝會出現過剩的頻譜成份，假設不同光脈衝的能量相同，有啾頻的光脈衝的最大功率會變小。

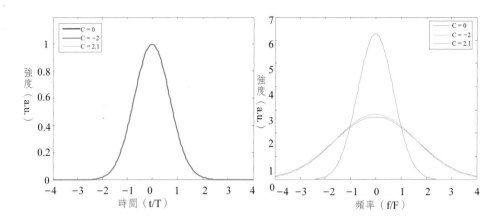

圖 2-21　光脈衝的時域和頻域示意圖

值得注意的是從式（2.70）中可見，若 $C < 0$，瞬間頻率反比於 t，即光脈衝的前端頻率會比後端高，可見圖 2-22(a)。若 $C > 0$，瞬間頻率正比於 t，即光脈衝的前端頻率會比後端低，可見圖 2.22(b)。

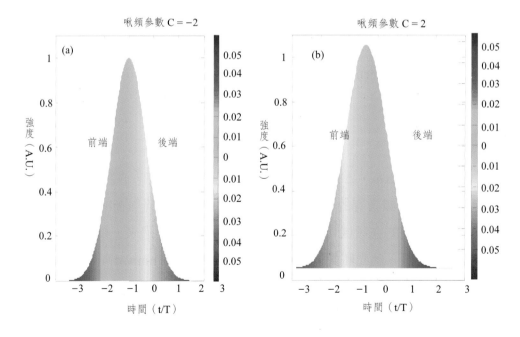

圖 2-22　光脈衝在不同啾頻參數下的頻率改變

最後可以得到一些有趣的結論，如表 2-1 所示，我們可以利用光纖中的色散結合啾頻訊號做出脈衝壓縮（pulse compression）和脈衝擴展（pulse expansion）。圖 2-23 顯示光脈衝（波長為 1.5 μm）在單模光纖傳輸時被壓縮或擴展的狀態。

表 2.1　光纖中的色散結合啾頻訊號做出脈衝壓縮和脈衝擴展

	正常色散		反常色散	
$C = 0$	藍色：慢	紅色：快	藍色：快	紅色：慢
$C > 0$	領先：紅色			
	脈衝不斷擴展		脈衝先壓縮後擴展	
$C < 0$	領先：藍色			
	脈衝先壓縮後擴展		脈衝不斷擴展	

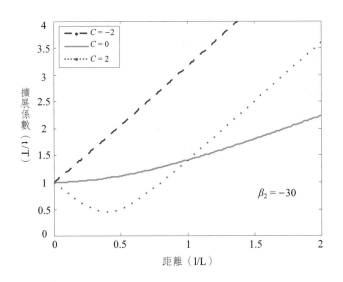

圖 2-23　光脈衝在光纖傳輸時被壓縮或擴展

2.12　色散補償

色散補償（dispersion compensation）技術是為了延長光訊號傳送距離而使用的，其中包括使用色散補償光纖（dispersion compensating fiber），

該光纖的色散參數 D 為負值，與一般光纖相反，如圖 2-24 所示。色散補償也可用光纖光柵、先進的調變格式以及預啾頻（pre-chirp）等方法。一般我們只能準確地補償某一特定波長所造成的色散（即 $+D - D = 0$），但在分波多工系統中，由於採用多個波長進行訊號傳輸，在色散補償時必須考慮色散斜率。

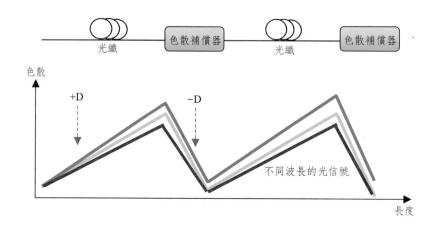

圖 2-24　色散補償示意圖

2.13　光纖之衰減

光纖傳輸的衰減（attenuation）取決於光纖的製造材料、製造方法及光源之波長。光纖之主要材料為二氧化矽，二氧化矽本身有一定的光吸收。衰減也包含不純物及摻雜物之光吸收。光纖傳輸衰減為指數下降，表示為：

$$P_{out} = P_{in} \exp(-\alpha L) \tag{2.73}$$

P_{out} 和 P_{in} 分別為出射光和入射光的功率，α 為光纖之衰減係數（attenuation coefficient），標準單模光纖的衰減係數為 0.2 dB/km，L 為光纖長度。

衰減也會因散射（scattering）造成，光纖主要成份為二氧化矽分子，在製作光纖的過程中，二氧化矽分子被隨機放置，造成光纖中密度及折射率有細微的不同。當入射光子碰撞此具有細微不同的晶格結構時，因結構的變化大小與波長的數量級相當，便會產生隨機方向的散射。此散射可分為彈性散射（elastic scattering）和非彈性散射（inelastic scattering）。彈性散射是入射光與散射光頻率相同，即波長維持不變，如雷利散射（Rayleigh scattering）。在非彈性散射中，光子與晶格間會產生非彈性碰撞，此時光子會將部分能量傳給晶格，而晶格所攜帶的能量用粒子觀念來描述時就稱為聲子（phonon）。這些轉移到較低頻率的光子被稱為斯托克轉變（Stoke shift），而這些轉移到更高頻率的則被稱為反斯托克轉變（anti-Stoke shift）。非彈性散射有拉曼散射（Raman scattering）[5]和布魯尼散射（Brillouin scattering）[6]。

雷利散射與 λ^4 成反比，天空之所以呈現藍色也是因為短波長的藍光比較容易被散射。雷利散射為短波長在光纖中衰減的主要因素。在光纖中，雷利背向散射（Rayleigh backscattering）會限制光纖中的入射光功率，而在雙向（bi-directional）的光纖系統中，雷利背向散射也會對相同波長的光訊號產生干擾，影響訊號品質。強烈光束照射能產生高效率的散射現象，如激發拉曼散射（stimulated Raman scattering, SRS）或激發布魯尼散射（stimulated Brillouin scattering, SBS）。

圖 2-25 為標準單模光纖中雷利背向散射和激發布魯尼背向散射的光譜。激發布魯尼散射是背向散射，而激發拉曼散射則可發生於正向及背向。值得注意的是在標準單模光纖中，激發布魯尼背向散射的光頻偏移大約為 10 GHz，而激發拉曼散射可高達 13 THz。就頻寬而言，布魯尼增益光譜非常窄（< 100MHz），而拉曼增益光譜則可超過 10 THz [7]。因此激發拉曼散射可用作光放大器。

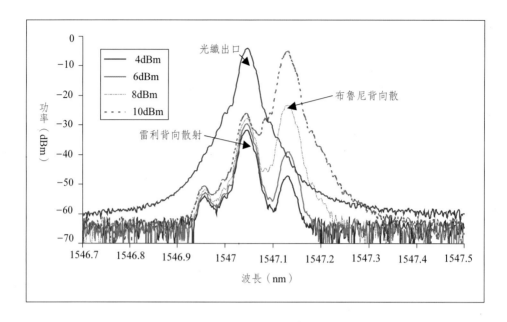

圖 2-25 標準單模光纖中雷利背向散射和布魯尼背向散射的光譜

2.14 非線性光學效應

在強電磁場中，任何介電質對於光的反應會是非線性效應（nonlinear effect）。光纖也不例外，在強電磁場中，矽的折射率為非線性變化，且隨著光強度遞增而使非線性效應增加，也稱為克爾效應（Kerr effect）。

$$n(\omega, t) = n(\omega) + n_2|E(t)|^2$$
$$= n(\omega) + n_2(P/A_{eff}) \qquad (2.74)$$

其中 n_2 是非線性折射率，P 是光功率，A_{eff} 是有效面積，n_2 值在矽光纖中為 2.6×10^{-20} m^2/W。非線性折射率也可寫成非線性參數（nonlinear parameter）γ，單位為（W^{-1}/km）。而 n_2 和 γ 的關係為：

$$\gamma = \frac{2\pi n_2}{A_{eff}\lambda} \qquad (2.75)$$

　　光纖中典型的非線性光學效應例子有：自我相位調變（self-phase modulation, SPM）、交互相位調變（cross-phase modulation, XPM）、四波混合（four-wave mixing, FWM）等，以下將分別簡述。

■自我相位調變

　　在自我相位調變中，當入射光脈衝強度夠強時，脈衝波的相位會因光纖折射率改變而改變，此脈衝波的相位改變是因其脈衝的強度所造成的，故稱為自我相位調變。非線性相位調變可寫成：

$$\phi_{NL} = |U|^2(L_{eff}/L_{NL})$$
$$\phi_{max} = \gamma P_0 L_{eff} \qquad (2.76)$$

U 為光脈衝的外形（如圖 2-26 所示），L_{NL} 和 L_{eff} 分別為非線性和有效長度，有效長度的定義是 $L_{eff} = [1 - \exp(-\alpha L)]/\alpha$，$P_0$ 是光脈衝的最大功率。從式（2.69）得知瞬間頻率是相位的微分

$$\delta\omega(t) = -\frac{\partial \phi_{NL}}{\partial t} = -\left(\frac{L_{eff}}{L_{NL}}\right)\frac{\partial |U|^2}{\partial t} \qquad (2.77)$$

　　從式（2.77）可見，在自我相位調變中，瞬間頻率反比於光脈衝的上升邊緣（rising edge），因此會產生紅移現象，而瞬間頻率正比於光脈衝的下降邊緣（falling edge），因此會產生藍移現象，如圖 2-26 所示。

　　我們可以觀察光頻譜中的頂峰數目估計出光脈衝的非線性相位調變，如圖 2-27 所示[8]。

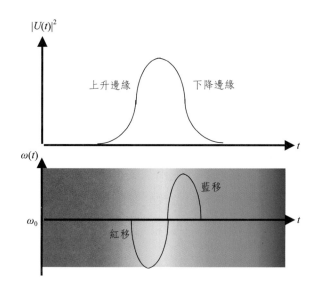

圖 2.26　自我相位調變中光脈衝瞬間頻率紅移與藍移現象

　　有趣的是，自我相位調變的瞬間頻率移動與在反常色散 $\beta_2 < 0$ 下的瞬間頻率移動是剛好相反的，在反常色散中光脈衝藍色的部份會比紅色的部份跑得快，因此可以通過控制光脈衝的功率（即控制自我相位調變）及反常色散值來使群速度色散 GVD 與自我相位調變 SPM 在光纖中取得一定的平衡關係。這會產生一種幅度在長距離傳輸中不變的光脈衝，稱為光孤子（optical soliton）。光孤子能夠不變形地在光纖中傳輸，擺脫了光纖色散對傳輸速率和容量的限制。

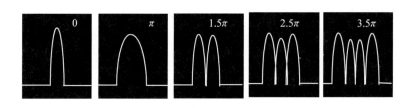

圖 2-27　光脈衝在不同自我相位調變下的光頻譜

■交互相位調變

　　在交互相位調變中[9]，當有兩個或多個波長各自攜帶不同訊息在光纖中傳遞時，非線性相位偏移不僅會由本身波長引起（即自我相位調變），鄰近波長也會交互影響，故稱為交互相位調變。當有 j 個光波長在傳輸時，交互相位調變會使第 j 個波長產生非線性相位偏移，偏移值可表示為：

$$\phi_j^{NL} = \gamma L_{eff}\left(P_j + 2\sum_{m \neq j} P_m\right) \tag{2.78}$$

自我相位調變和交互相位調變可應用在一些光學設備上，如非線性光纖環鏡（Nonlinear Optical Loop Mirror, NOLM）[10]和兆赫光非對稱解多工器（Terahertz Optical Asymmetric Demultiplexer, TOAD）[11]等。圖 2-28 是 TOAD 的示意圖，當光脈衝序列（λ_2）入射到 TOAD 時，會被光耦合器分成順時針和逆時針方向的光束並在光纖環中傳送，若控制光脈衝（λ_1）不存在時，順時針和逆時針方向光的相位應是相同的，所以在光脈衝序列（λ_2）的入口處（即出口 2）會產生建設性干擾（constructive interference），此時 TOAD 的作用如同一面鏡子把光反射。若現在控制光脈衝（λ_1）也入射到 TOAD 中，光脈衝（λ_1）會對順時針方向的光脈衝序列（λ_2）產生交互相位調變，使此方向的光產生相位改變。如果相位改變足夠大，會使順時針和逆時針方向的光在出口 2 產生破壞性干擾（destructive interference），而使光脈衝序列（λ_2）在出口 1 出現。

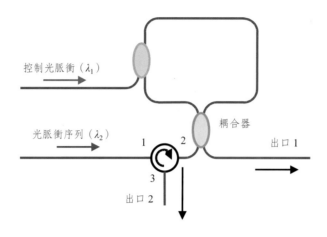

控制光脈衝（λ_1）

光脈衝序列（λ_2）

1　　2

耦合器

出口 1

3

出口 2

圖 2-28　兆赫光非對稱解多工器 TOAD 的示意圖

■四波混合

四波混合[13]是假設有三個波長，頻率分別為 ω_1、ω_2 及 ω_3 在光纖中傳輸，由於非線性效應會產生第四個頻率 ω_4，而 ω_4 必須滿足 $\omega_4 = \omega_1 \pm \omega_2 \pm \omega_3$ 之關係。如圖 2-29 所示，當 ω_1 和 ω_2（$\omega_1 < \omega_2$）在光纖中傳輸時，四波混合會產生兩個新的頻率，$\omega_3 = \omega_1 - (\omega_2 - \omega_1)$ 和 $\omega_4 = \omega_2 + (\omega_2 - \omega_1)$。實際上多數的波長相互作用後會因為相位匹配（phase matching）限制而無法達成，而色散會導致相位不匹配從而降低四波混合達成的效率，在分波多工系統中，四波混合能嚴重地影響訊號品質，它會產生新的波長，而這些波長會干擾現有的波長訊號，因此通常不會在光纖的零色散波長下傳送訊號以減低四波混合效應。但是我們也可對這些新產生的波長加以應用，來實現全光波長轉換（all-optical wavelength conversion）。

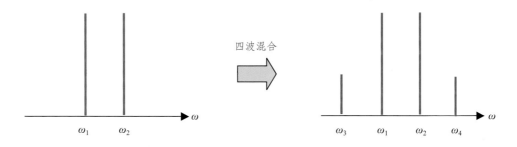

圖 2-29　四波混合的頻譜示意圖

2.15　光的偏振極化

　　在 2.9 節中我們知道光是一種電磁波，電場振動方向垂直於傳播方向。電場振動方向可分成 x 方向的極化量和 y 方向的極化量，而這兩個方向的極化量可有不同的時間（相位）差。圖 2-30 表示 x 與 y 兩個方向極化量之相對相位不同而產生不同的偏振極化合成波，當 x 極化量 = y 極化量時，而相對相位 a = 90° 時，便會產生圓形極化（circular polarizcd）；當 a = 0°時便會產生線性極化（linear polarized）；其它相對相位便會產生橢圓極化（elliptical polarized）。

　　在 2.14 節中我們討論了光纖中的非線性光學效應，如交互相位調變和四波混合等。它們能干擾訊號，嚴重影響訊號品質，但它們的出現要符合相位匹配條件，因此可以利用偏振擾（polarization scrambler）來使光訊號的偏振極化不斷改變，從而減低非線性光學效應。

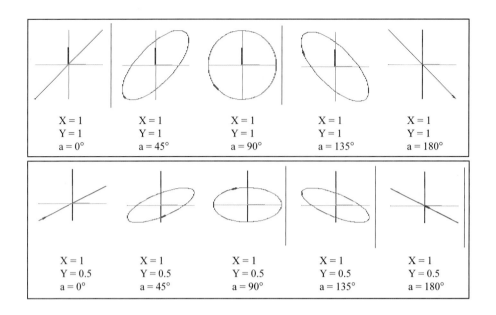

圖 2-30　x 與 y 方向極化量之相對相位不同而產生不同的偏振極化合成波

2.16　新型光纖

　　光子晶體光纖（photonic crystal fiber, PCF），也被稱為微結構光纖（micro-structured fiber）是一類新型的光纖[13]。由於光子晶體光纖的特別結構，使它能被應用在光纖通訊、光纖雷射、非線性器件、高功率傳輸、高靈敏度傳感器等，基於不同的光局限（optical confinement）機制，光子晶體光纖大致可分為兩種（見圖 2-31）：一種是實心的，而纖芯的平均折射率比微結構的包層高，導光原理和一般光纖相同，也可透過包層微結構的設計使有效折射率改變；另一種是空心的，雖然纖芯的折射率比包層的低，但是光線也能被包層的光子晶體結構所約束及局限。光子晶體結構能使持定波長的光被反射，蝴蝶翅膀上所看到的顏色也是利用晶體結構對持定波長的反射（見圖 2-32）。由於這是物理顏色，所以當蝴蝶被製成標本後，翅膀上的顏色也不會退減。

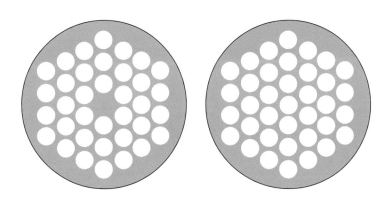

圖 2-31　實心和空心的光子晶體光纖

　　空心的光子晶體光纖能改變一般光纖的非線性效應，也能作高功率傳輸，空心光子晶體光纖的另一個優點是可以動態的引入不同材料在纖芯中，例如液體和氣體，作材料分析之用。

鱗片上的微結構

鱗片

圖 2-32　蝴蝶翅膀上的微結構

習題

1. 請說明光纖基本構造及常見的光纖種類。

2. 請說明光纖通訊之優點。

3. 大數值孔徑 NA 的光纖有較好的光入射偏移容忍度，請說明其缺點。

4. 請找出當光從真空入射到 (i) 玻璃及 (ii) 半導體時的反射率。

5. 如圖 2-10，設 $n_3 = 1$，$n_1 = 1.571$ 和 $n_2 = 1.5$，利用波長 850 nm 的雷射，請找出板狀導波單模態傳輸中的 h 高度。提示：可用式（2.51）。

6. 式（2.68）中 T_0 為 1/e 的半脈衝時寬，請找出它的時半高寬度 T_{FWHM}（full-width half maximum）。

引用參考文獻

[1] J. Tyndall, "On some phenomena connected with the motion of liquids," *Proc. Roy. Inst.*, vol. 1, pp. 446, 1854

[2] K. C. Kao and G. A. Hockham, "Dielectric-fibre surface waveguides for optical frequencies," *Proc. IEE,* vol. 113, pp. 1151, 1966

[3] L. G. Cohen and Chinlon Lin, "Pulse delay measurements in the zero material dispersion wavelength region for optical fibers," *Appl. Opt.*, vol. 16, pp. 3136, 1977

[4] L. G. Cohen, Chinlon Lin, and W. G. French, "Tailoring zero chromatic dispersion into the 1.5um-1.6um low-loss spectral region of single-mode fibres," *Electron. Lett.*, vol. 15, pp. 334, 1979

[5] C. V. Raman, "A new radiation", *Indian Journal of Physics*, vol. 2, pp. 387, 1928

[6] L. Brillouin, "Diffusion de la lumière par un corps transparent homogène," *Ann. Phys.*, vol. 17, pp. 88, 1922

[7] R. H. Stolen and E. P. Ippen, "Raman gain in glass optical waveguides," *Appl. Phys. Lett.*, vol. 22, pp. 276, 1975

[8] R. H. Stolen and Chinlon Lin, "Self-phase-modulation in silica optical fibers," *Phys. Rev. A*, vol. 17, pp. 1448, 1978

[9] M. N. Islam, L. F. Mollenauer, R. H. Stolen, J. R. Simpson, and H. T. Shang, "Cross-phase modulation in optical fibers," *Opt. Lett.*, vol. 12, pp. 625, 1987

[10] N. J. Doran and D. Wood, "Nonlinear-optical loop mirror," *Opt. Lett.*, vol. 13, pp. 56, 1988

[11] J. P. Sokoloff, P. R. Prucnal, I. Glesk, and M. Kane, "A terahertz optical asymmetric demulitplexer (TOAD)," *IEEE Photon. Technol. Lett.*, vol. 5, pp. 787, 1993

[12] R. H. Stolen, "Phase-matched stimulated four-photon mixing in silica-fiber waveguides," *IEEE J. Quantum Electron.*, vol. QE-11, pp. 100, 1975

[13] P. Russell, "Photonic crystal fibers," *Science*, vol. 299, pp. 358, 2003

其它參考文獻

[1] C. R. Pollock, *Fundamentals of Optoelectronics*, Richard D Irwin, 1994

[2] K. Okamoto, *Fundamentals of Optical Waveguides*, Academic Press, 2006

[3] J. Gowar, *Optical Communication Systems*, Prentice Hall, 1993

[4] J. Senior, *Optical Fiber Communications: Principles and Practice*, Prentice Hall, 2008

[5] G. P. Agrawal, *Fiber-optic Communication Systems*, John Wiley & Sons, 2002

[6] A. Yariv and P. Yeh, *Photonics: Optical Electronics in Modern Communications*, Oxford University Press, 2006

[7] E. Hecht, *Optics*, Addison Wesley, 2001

[8] P. N. Butcher and D. Cotter, *The Elements of Nonlinear Optics*, Cambridge University Press, 1991

[9] G. P. Agrawal, *Nonlinear Fiber Optics*, Academic Press, 2007

[10] R. W. Boyd, *Nonlinear Optics*, Academic Press, 2008

[11] J. Scott Russell. *Report on waves, Fourteenth meeting of the British Association for the Advancement of Science*, 1844

　　我們知道通訊系統中包含發送器（transmitter)、接收器（receiver）和傳播媒介（transmission medium）三大部分。現代光纖通訊中，發送器裡的光源（optical source）主要為雷射。1958 年，湯斯（Charles Townes）發表激發輻射而產生的微波放大器研究[1]，稱為 Microwave Amplification by Stimulated Emission of Radiation（MASER），更提出當物質受到激發時會產生一種不發散的強光。之後，科學家紛紛提出各種實驗方案，在 1960 年，梅曼（Theodore Maiman）成功地使用紅寶石振盪產生「雷射」Light Amplification by the Stimulated Emission of Radiation（LASER）。本章將說明雷射發明簡史、雷射基本理論和結構、雷射二極體在直調時的特性及雷射雜訊，另外也會分析不同的外部調變設備。

3.1　雷射發明簡史

　　1958 年美國物理學家湯斯提出雷射的概念[1]，直到 1960 年由梅曼製造出世界上第一台紅寶石雷射（ruby laser）[2]。而利用半導體（semiconductor）材料來製造雷射的構想被提出後，在 1962 年發明了以砷化鎵（GaAs）材料製作的半導體雷射[3-5]。1963 年，雙異質接面（double heterojunction）結構被提出並應用在半導體雷射中，此種結構把能隙（bandgap）較小的材料置於兩個能隙較大的半導體材料中，可改善半導體雷射的特性而達到室溫連續操作模式。到 1980 年代，人們開始使用氣相磊晶（vapor-phase epitaxy, VPE）和分子束磊晶（molecular-beam epitaxy, MBE）製造出具有量子井（quantum well）結構主動層（active layer）的半導體雷射，量子井雷射可以降低閾值電流（threshold current）並增加響應速度。

　　2010 年是雷射發明的 50 週年紀念。美國光學學會（Optical Society of America），國際光學工程學會（SPIE）和 IEEE 光子學會（IEEE Photonics Society）共同籌辦了雷射季（LaserFest），舉辦不同的慶祝活動。經過了

50 年，雷射已廣泛地應用到人們的生活中的各個層面。雖然雷射在許多方面是一個成熟的科技，但是仍持極大的研究與發展空間。

3.2　雷射基本理論

半導體的導電帶（conduction band）與價電帶（valance band）之間的能隙大於導體（conductor）但小於絕緣體（insulator）。價電帶的束縛電子只要經由激發便會躍遷至導電帶形成自由電子（free electron），同時價電帶也產生自由電洞（hole）。自由電子和電洞皆被稱為載子。電子在絕對溫度 T 時，獲得能量的機率 P(E) 可以由費米-狄拉克分佈函數（Fermi-Dirac distribution function）來表示：

$$f(E) = \frac{1}{1 + \exp\left(\dfrac{E - E_F}{kT}\right)}$$

（3.1）

其中 E_F 是費米能階（Fermi level），k 是玻爾茲曼常數（Boltzmann constant），T 為絕對溫度。

值得注意的是粒子分佈函數可利用馬克斯威爾—玻爾茲曼（Maxwell-Boltzmann）分佈、玻色—愛因斯坦（Bose-Einstein）分佈及費米—狄拉克分佈來表示。在可區分之氣體分子中，它們的能量分佈遵守馬克斯威爾—玻爾茲曼分佈；在量子物理中，如光子（photon）與聲子（phonon）被稱為玻色子（Boson），具有對稱的波函數，也遵守玻色—愛因斯坦（Bose-Einstein）分佈；另外的帶電粒子，如電子與電洞則被稱為費米子（Fermion），具有反對稱的波函數。

掺雜五價雜質的半導體稱為 N 型半導體，其費米能階接近導電帶。掺雜三價雜質的半導體稱為 P 型半導體，其費米能階接近價電帶。在半導體雷射結構中，P-N 接面（P-N junction）可說是半導體雷射的核心，圖 3-1 為 P-N 接面的能帶圖（band diagram），能帶圖中主要包含導電帶 E_c，價電

帶 E_v 以及費米能階 E_F。當偏壓 $V = 0$ 時，電子與電洞在各層中呈現熱平衡（thermal equilibrium）狀態，費米能階 E_F 為水平，亦即表示過剩的電子與電洞不會在各層之間移動。在 P-N 接面會形成空乏區（depletion region），在空乏區中沒有自由電子及電洞存在。當此 P-N 接面受到外加的順向偏壓時，電子與電洞的能量將會逐漸克服原本平衡狀態時的接面能障（energy barrier）並且可以注入主動層中，而主動層內的載子分佈也不再處於熱平衡狀態，而有能量約為 E_g 的差異，而且電子與電洞復合後，所放出的光子能量就是主動層能隙 E_g 的大小。此種放射光有同調（coherent）、單色（monochromatic）、指向性（directional）等特性。

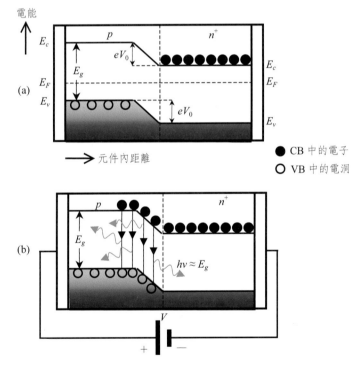

圖 3-1　P-N 雙異質接面的能帶圖(a)外加偏壓 V = 0；(b)順向偏壓時電子與電洞的分佈與流動示意圖

3.3　能帶與能隙

根據原子基本理論模型，每一個原子中的電子可存在於特定且彼此分離的能階（energy level），如類氫原子的能階分離成 1s，2s2p，3s3p3d 等，然而在半導體中，原子與原子呈規則性且緊密的排列，當兩個原子靠近時，此兩個原子中的電子之波函數（wave function）會開始重疊，進而造成原本的能階一分為二。如圖 3-2 所示，兩個原子為符合庖立不相容原理（Pauli exclusion principle）的要求而使能階一分為二。當越來越多的原子相互接近時，原子原本單一的能階會分裂成許多相近的能階，因此可以將這些能階集合看成一個能帶（energy band），而能帶與能帶之間不容許電子存在的地方稱為能隙（energy gap）。

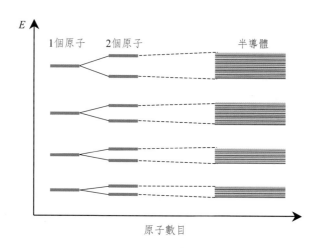

圖 3-2　能階分裂為能帶的示意圖

在古典牛頓力學中，物體質量被定義為外加力量和該物體的加速度，但在晶格中，電子會和週期性原子交互作用以影響其速度，也就是說，電子靜止質量和運動中的質量是不相同的。因此我們定義電子在晶格中的質量為有效質量（effective mass）。

在一維空間中，電子的有效質量定義為：

$$\frac{1}{m^*} = \frac{1}{\hbar^2}\frac{d^2E}{dk^2}$$

也就是說，電子的有效質量與電子能量—波數（E-k）的二次微分成反比。
圖 3-3 是典型的 E-k 曲線圖，可見能量 E 和波數 k 是成二次微分關係。

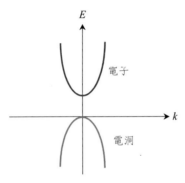

圖 3-3　典型的 E-k 曲線圖

　　如 E-k 圖中導電帶和價電帶之間的能隙所示，半導體材料可分成直接能
隙（direct bandgap）和間接能隙（indirect bandgap），見圖 3.4。在直接能
隙材料中，電子和電洞分別在導電帶的最低處和價電帶的最高處，因此電子
在進行光子放射或吸收中動量不變。但在間接能隙材料中，雖然電子和電洞
分別也是位於導電帶的最低處和價電帶的最高處，但 k 相差很大，要滿足動
量守恆就要靠額外的粒子，如聲子提供，使得躍遷發生的機率比在直接能隙
材料中小了很多。

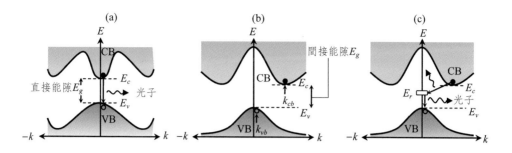

圖 3.4　(a)直接能隙材料和(b)、(c)間接能隙物質的 E-k 圖

在三維空間中電子的狀態密度（density of state）$\rho_c(E)$ 為一曲線，但在微觀並不連續。當在高能量 E 時具有較大的狀態密度（圖 3-5- 左）。在溫度 T ≦ 0 K，電子會佔據能量低的量子態，價電帶會被完全填滿（沒有電洞），而且導電帶是空的（沒有電子）。當溫度升高時，熱激發會使電子躍遷到導電帶，而在價電帶中遺留一個空缺狀態（電洞）。一個能量為 E 的量子態，在絕對溫度 T 下達到熱平衡時被電子佔據的機率，是由費米—狄拉克函數（3.1）決定（圖 3-5-中）。電子數與電洞數可把狀態密度與費米-狄拉克函數相乘得出（圖 3-5-右），它們也是能量 E 的函數：

$$n(E) = \rho_c(E)f(E)$$
$$p(E) = \rho_v[1 - f(E)]$$

而電子與電洞的濃度為：

$$n = \int_{E_c}^{\infty} n(E)dE$$
$$p = \int_{-\infty}^{E_v} p(E)dE$$

當中 $f(E)$ 是電子佔據量子態的機率，$1 - f(E)$ 是電洞佔據量子態的機率。摻雜五價雜質的半導體稱為 N 型半導體，其費米能階 E_{Fn} 接近導電帶。摻雜三價雜質的半導體稱為 P 型半導體，其費米能 E_{Fp} 階接近價電帶。所以電子與電洞濃度也可寫成：

$$n = \int_{E_c}^{\infty} n(E)dE = \int_{E_c}^{\infty} \rho_c(E)f(E)dE = N_c \exp\left[\frac{E_c - E_{Fn}}{kT}\right]$$

$$p = \int_{-\infty}^{E_v} p(E)dE = \int_{-\infty}^{E_v} \rho_v(E)[1 - f(E)]dE = N_v \exp\left[-\frac{E_{FP} - E_v}{kT}\right]$$

$$N_c = 2\left(\frac{2\pi m_n^* kT}{h^2}\right)^{3/2} \; ; \; N_v = 2\left(\frac{2\pi m_p^* kT}{h^2}\right)^{3/2} \tag{3.2}$$

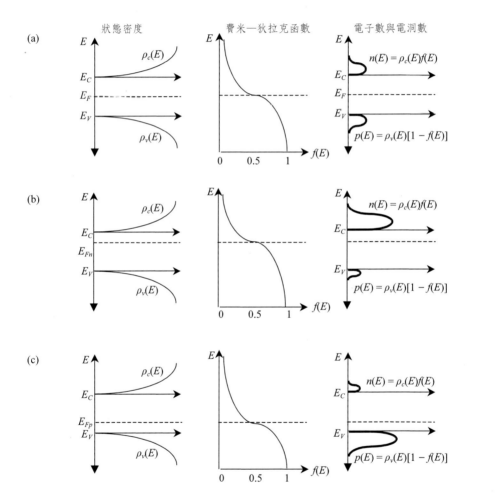

圖 3.5　(a)在本質半導體(b)N 型半導體與(c)P 型半導體中的狀態密度、費米函數與半導體內電子與電洞濃度

在固定的溫度下，電子電洞濃度的積為一常數，此定律同時適用於本質

（$E_{Fn} = E_{Fp} = E_i$）與非本質（有摻雜）的半導體，而且興費米能階的位置以及摻雜濃度均無關。

$$np = 32\left(\frac{\pi k}{h^2}\right)^3 (m_n^* m_p^*)^{3/2} T^3 \exp\left(-\frac{E_g}{kT}\right)$$

在熱平衡的情況下，電子佔據費米能階的機率在不同溫度下是 50%。但當半導體受外界影響，而這種情況發生在能帶內部的衰減時間遠小於導電帶與價電帶之間的衰減時間便會產生多餘的電子電洞。這種情況稱為暫態費米能階（Quasi-Fermi level）。我們可以把暫態費米能階 E'_{Fn} 和 E'_{Fp} 代入（3.2）找出當半導體受外界影響時所產生多餘的電子電洞。

3.4　雷射二極體之結構

在同質接面（homojunction）結構之雷射，其接面為 P 型與 N 型半導體所構成的簡單 P-N 接面，是相同材料，其能隙大小相同，但摻雜的物質不同。此種接面對光的局限作用（confinement）不好，使得發光效率不高。而異質接面（heterojunction）是兩個不同材料，其能隙不同所形成的接面。而雙異質接面結構（double heterojuntion）是將二個異質接面串接在一起，雙異質接面結構之雷射二極體能提供兩大好處，首先雙異質接面把能隙較小的材料置於兩個能隙較大之半導體材料中，可改善雷射的發光效率，而且由於主動層材料之折射率大於上層及下層材料之折射率，使主動層自然形成光波導，把光局限於共振腔中，因此它同時有載子局限（carrier confinement）和光局限（optical confinement）的作用，圖 3-6 為雙異質接面式雷射二極體之結構。

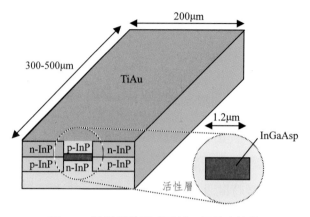

圖 3-6　雙異質接面式雷射二極體之結構

3.5　雷射材料

　　幾乎所有具備直接能隙的半導體材料皆可被用來製作 P-N 同質接面，進而達到發光的目的。然而雙異質接面結構的半導體材料在選擇上就面臨了很多限制，因為除了受限於半導體材料的能隙，也受限於它們所產生的雙異質接面品質。為了縮減晶格缺陷（lattice defect），兩種物質的晶格常數（lattice constant）也要匹配。

　　由於雷射光子的能量與能隙相同，所以雷射波長取決於雷射材料能隙的大小。如式（3.3）所示，將光子視為具有特定能量的粒子，光子所具有的能量為：

$$E = h\nu = h\frac{c}{\lambda}$$

$$\lambda\,(\mu m) = \frac{1.24}{E_g\,(\text{eV})} \tag{3.3}$$

其中 h 為蒲郎克常數（Plank constant）$=6.626 \times 10^{-34}$ J/s，ν 為光子之頻率，也可用電子伏特（eV）表示。

　　光纖通訊系統中常使用 1.3-1.6μm 波段的光，磷化銦（InP）常被用來作為此波段的半導體雷射材料。磷化銦的能隙可藉由改變四元化合物磷砷化鎵銦 $In_{1-x}Ga_xAs_yP_{1-y}$ 中的比例而達到,同時也能維持其晶格常數與磷化銦相配合,組成雙異質接面結構。式(3.4)為四元化合物四元化合物磷砷化鎵銦的能隙:

$$E_g(y) = 1.35 - 0.72y + 0.12y^2 \qquad (3.4)$$

其中 x 與 y 的比例並非任意值,而是定在 $x/y = 0.45$,以維持晶格常數的匹配。

3.6　雷射二極體之縱向模態

　　把雷射二極體加上足夠大之順偏壓,可以產生雷射粒子數反轉(population inversion)。在熱平衡下,高能階的電子密度是低於低能階的,而粒子數反轉使高能階的電子密度大增,使通過激發放射發光的機率因此大幅提升,而激發放射所發出的光再經由兩端的鏡面連續不斷地反射而累積放大。因此雷射最基本結構包括增益介質(gain medium)和共振腔(resonant cavity)。因光線能在共振腔中來回往返並產生駐波(standing wave),因此共振腔中能同時支援多個相異駐波的波函數,即雷射二極體能容許產生多個波長,稱為縱向模態或縱模(longitudinal mode)。

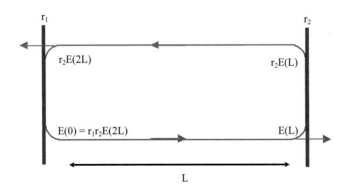

圖 3-7　雷射二極體之共振腔示意圖

　　圖 3-7 為雷射二極體之共振腔示意圖，其兩端為反射鏡。在半導體雷射二極體中，反射鏡就是半導體與空氣之間的平面（facet），反射係數為 r_1 和 r_2。由於在雷射二極體中會不斷地注入載子，使共振腔內的增益係數 g 大於或等於衰減係數 α。當光的電場 **E** 從雷射二極體左端傳到右端反射鏡面時（見圖 3-6），會被反射而改向左端傳送並回到原來出發地方，來回反射所經過的路徑長度為共振腔長度 L 的兩倍，A 為電場振幅，所以電場可寫成：

$$E(t, 0) = A\exp(j\omega t)$$

$$E(t, 0) = r_1 r_2 E(t, 2L)$$

$$E(t, 2L) = A \exp\left[\frac{(g - \alpha)}{2}2L\right]\exp\left[j(\omega t - 2\beta L)\right] \tag{3.5}$$

當電場被反射到左端原來出發地方

$$E(t, 0) = E(t, 2L)$$

$$\therefore A \exp(j\omega t) = r_1 r_2 A \exp\left[\frac{(g - \alpha)}{2}2L\right]\exp\left[j(\omega t - 2\beta L)\right]$$

$$1 = r_1 r_2 \exp[(g - \alpha)L]\exp(-2j\beta L) \tag{3.6}$$

將式（3.6）分成振幅和相位分析，可寫成以下兩式：

$$r_1 r_2 \exp[(g - \alpha)L] = 1$$

$$\exp(-2j\beta L) = \exp\left(-\frac{4j\pi nL}{\lambda}\right) = 1 \tag{3.7}$$

其振幅可寫成式（3.8），可見衰減係數與共振腔長度及反射鏡的反射率有關。

$$g = \alpha + \frac{1}{L}\ln\frac{1}{r_1 r_2} = \alpha + \frac{1}{2L}\ln\frac{1}{R_1 R_2}$$

$$R_1 = r_1^2,\ R_2 = r_2^2 \tag{3.8}$$

其相位可寫成式（3.9），當中 m 為整體，我們可以從共振腔長度，雷射二極體折射率求得雷射二極體縱模間隔（longitudinal mode spacing）。

$$\frac{4\pi nL}{\lambda} = 2m\pi$$

$$\frac{2nL}{\lambda} = m$$

$$\frac{d\lambda 2nL}{\lambda^2} = dm \Rightarrow dm = 1$$

$$d\lambda = \frac{\lambda^2}{2nL} \tag{3.9}$$

理論上雷射二極體可以發出無限個縱模，但實際上發光的模態也是滿足雷射材料的增益條件，如同在 3.5 節中所述。如圖 3-8 所示，在法布里—珀羅（Fabry-Perot, FP）雷射二極體中，能產生的縱向模態也受雷射材料的增益譜（gain profile）所影響。

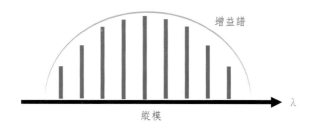

圖 3-8　在法布里—珀羅雷射二極體的光譜示意圖

以上分析也說明了法布里—珀羅析光器（Fabry-Perot etalon）作為干涉儀的基本原理，圖 3-9 為法布里—珀羅析光器的透射頻譜，縱模間隔 $\Delta\lambda$ 也被稱為自由光譜間距（free spectral range, FSR）。我們可以調整干涉儀反射鏡的距離來控制縱模間隔，即自由光譜間距。而每一個縱模的半高寬（full width half maximum, FWHM）也可通過改變反射鏡的反射率進而控制其寬度，如圖 3-8 所示，其中兩面反射鏡的反射率 r 為 0.1，0.5 及 0.9。自由光譜間距 FSR 和個別縱模的半高寬度 Δv 的比值稱為精確度（finesse, F）：

$$F = \frac{FSR}{\Delta v} \qquad (3.10)$$

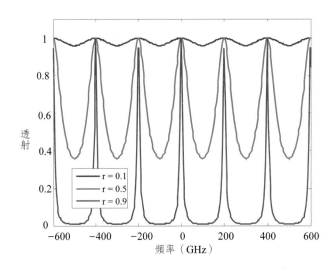

圖 3-9　法布里—珀羅析光器的透射頻譜（反射鏡的反射率為 r）

3.7　雷射二極體之閾值電流

我們可以憑著式（3.8）找出雷射二極體的閾值電流（threshold current）。在雷射二極體中，式（3.8）可改寫成：

$$\Gamma g_{th} = \alpha + \frac{1}{2L} \ln \frac{1}{R_1 R_2}$$

$$\Gamma g_{th} = \Gamma a \, (n_{th} - n_0) = \alpha + \frac{1}{2L} \ln \frac{1}{R_1 R_2} \qquad (3.11)$$

其中 Γ 為光局限因子，g_{th} 為閾值增益（threshold gain），a 為增益係數，n_{th} 和 n_0 分別為閾值載子密度和透明載子密度（$1/cm^3$）。

而閾值載子密度跟注入閾值電流的關係如式（3.12）所示，τ 為載子生命週期（carrier lifetime）（s），q 為單位電荷（1.6×10^{-19} C），V 為主動區體積（cm^3）

$$n_{th} = \frac{I_{th}}{qV}\tau \qquad (3.12)$$

3.8　雷射速率方程式

可通過研究雷射速率方程式（laser rate equations）得到一些雷射的有趣現象。式（3.13）和（3.14）分別表示雷射的載子密度 n（$1/\text{cm}^3$）及光子密度 S（$1/\text{cm}^3$）之關係式。

載子密度變化 ＝ 載子注放 － 受激發射 － 自發輻射

$$\frac{dn}{dt} = \frac{I}{qV} - \frac{n}{\tau} - v_g g S$$
$$v_g = c/n_g;\ g = a(n - n_0) \qquad (3.13)$$

子密度變化 ＝ 受激發射 － 光子損耗 ＋ 自發輻射

$$\frac{dS}{dt} = \Gamma v_g a\,(n - n_0)\,S - \frac{S}{\tau_p} + \Gamma\beta\frac{n}{\tau} \qquad (3.14)$$

以下是雷射速率方程式的參數及其單位：

n ＝ 載子密度（carrier density）（$1/\text{cm}^3$）

S ＝ 光子密度（photon density）（$1/\text{cm}^3$）

I ＝ 注入電流（A, C/s）

q ＝ 單位電荷（1.6×10^{-19} C）

V ＝ 主動區體積（cm^3）

T ＝ 載子生命週期（s）

$v_g = c/n_g$ 為光的群速度（cm/s）

Γ ＝ 光局限因子（optical confinement factor）

τ_p ＝ 光子生命週期（photon lifetime）（s）

τ ＝ 載子生命週期（s）

β = 自發輻射因子（spontaneous emission factor）

a = 增益係數（gain coefficient）（cm^2）

■穩態響應

在雷射穩態響應（steady-state response）時，載子密度變化和光子密度變化會是零，光子密度變化為零時的雷射速率方程式可寫成：

$$\because \frac{dS}{dt} = 0; \ \Gamma\beta\frac{n}{\tau} \approx 0$$

$$\therefore \Gamma v_g \, a \, (n_{th} - n_0) \, S - \frac{S}{\tau_p} = 0$$

$$n_{th} = n_0 + \frac{1}{\Gamma v_g \, a\tau_p} \tag{3.15}$$

載子密度變化為零時的雷射速率方程式可寫成：

$$\because \frac{dn}{dt} = 0$$

$$\therefore \frac{I}{qV} - \frac{n_{th}}{\tau} - v_g \, a \left(\frac{1}{\Gamma v_g \, a\tau_p}\right) S = 0$$

$$\therefore \frac{n_{th}}{\tau} = \frac{I_{th}}{qV}$$

$$\therefore \frac{I}{qV} - \frac{I_{th}}{qV} - \frac{S}{\Gamma\tau_p} = 0$$

$$\frac{I - I_{th}}{qV} = \frac{S}{\Gamma\tau_p} \tag{3.16}$$

$$\frac{dS}{dI} = \frac{\Gamma\tau_p}{qV} \tag{3.17}$$

從式（3.16）可見 $I{-}I_{th}$ 跟 S 成正比，而斜率（3.17）為常數。圖 3-10 為一個典型雷射二極體的 $P\text{-}I$ 曲線，可見輸出光功率跟注入電流成正比。

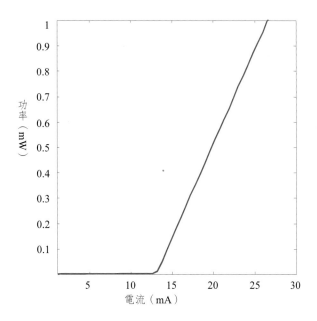

圖 3-10　一個典型雷射二極體的 P-I 曲線

■弛緩振盪

　　雷射發光是透過載子和光子相互作用，在雷射啟動時，光子的大量輸出直接導致載子密度迅速下降，載子密度下降影響雷射內的增益係數，而使光子輸出下降，但當光子輸出下降時載子能通過注入電流而補充。這狀態稱為弛緩振盪（relaxation oscillation），並會延續直到穩態。假設：

$$n = n_{th} + \Delta n$$
$$S = S_0 + \Delta s \qquad\qquad (3.18)$$

把式（3.18）代入式（3.13）

$$\frac{d(n_{th} + \Delta n)}{dt} = \frac{I}{qV} - \frac{n_{th} + \Delta n}{\tau} - v_g a (n_{th} + \Delta n - n_0)(S_0 + \Delta s)$$

$$\frac{d(n_{th} + \Delta n)}{dt} = \frac{I}{qV} - \frac{n_{th} + \Delta n}{\tau} - v_g a [(n_{th} - n_0) S_0 + \Delta n S_0 + (n_{th} - n_0)\Delta s + \Delta n \Delta s]$$

$$\Rightarrow \frac{dn_{th}}{dt} = \frac{I}{qV} - \frac{n_{th}}{\tau} - v_g\, a\,(n_{th} - n_0)\,S; \quad \Delta n \Delta s \approx 0$$

$$\Rightarrow \frac{d\Delta n}{dt} = -\frac{\Delta n}{\tau} - v_g\, a\, \Delta n\, S_0 - v_g\, a\,(n_{th} - n_0)\Delta s \tag{3.19}$$

把式（3.18）代入式（3.14）

$$\frac{d(S_0 + \Delta s)}{dt} = \Gamma v_g\, a\,(n_{th} + \Delta n - {}^{\cdot}n_0)(S_0 + \Delta s) - \frac{S_0 + \Delta s}{\tau_p}$$

$$\frac{d(S_0 + \Delta s)}{dt} = \Gamma v_g\, a[(n_{th} - n_0)S_0 + \Delta n\, S_0 + (n_{th} - n_0)\Delta s] - \frac{S_0 + \Delta s}{\tau_p}$$

$$\Rightarrow \frac{dS_0}{dt} = \Gamma v_g\, a\,(n_{th} - n_0)S_0 - \frac{S_0}{\tau_p}$$

$$\Rightarrow \frac{d\Delta s}{dt} = \Gamma v_g\, a\, \Delta n\, S_0 \tag{3.20}$$

式（3.15）可寫成：

$$n_{th} = n_0 + \frac{1}{\Gamma v_g\, a\tau_p}$$

$$\Gamma v_g\, a\,(n_{th} - n_0) = \frac{1}{\tau_p} \tag{3.21}$$

將式（3.19）作微分，再代入式（3.20）和式（3.21），可得：

$$\frac{d^2\Delta n}{dt^2} = -\frac{d\Delta n}{\tau dt} - \frac{v_g\, a\, S_0\, d\Delta n}{dt} - v_g\, a\,(n_{th} - n_0)\frac{d\Delta s}{dt}$$

$$\frac{d^2\Delta n}{dt^2} = -\left(\frac{1}{\tau} + v_g\, a\, S_0\right)\frac{d\Delta n}{dt} - v_g\, a\,(n_{th} - n_0)\Gamma v_g\, a\, \Delta n\, S_0$$

$$\Rightarrow -\left(\frac{1}{\tau} + v_g\, a\, S_0\right)\frac{d\Delta n}{dt} - \frac{v_g\, a\, \Delta n\, S_0}{\tau_p} \tag{3.22}$$

假設：

$$2\Gamma_d = \frac{1}{\tau} + v_g a S_0, \ \omega_0^2 = \frac{v_g a S_0}{\tau_p}$$

式（3.22）可簡化成式（3.23），而其標準解為式（3.24）

$$\frac{d^2\Delta n}{dt^2} + 2\Gamma_d\frac{d\Delta n}{dt} + \omega_0^2\Delta n = 0 \qquad （3.23）$$

$$\Delta n = C\exp(-\Gamma_d t)\sin(\omega_0 t)$$
$$\Delta S = -C\Gamma v_g a S_0 \exp(-\Gamma_d t)\cos(\omega_0 t) \qquad （3.24）$$

從式（3.24）可觀察到許多有趣的現象，如載子密度變化和光子密度變化是相互作用的，它們之間有一定的相位差。其次是光子密度變化是呈指數衰減的，如圖 3-11 所示。我們可以把注入電流調到接近雷射二極體的閾值電流，再把注入電流作週期性開關，這樣雷射二極體會在弛緩振盪下操作，得出脈衝時寬（pulse width）很短的光脈衝，稱為增益開關（gain switching）。

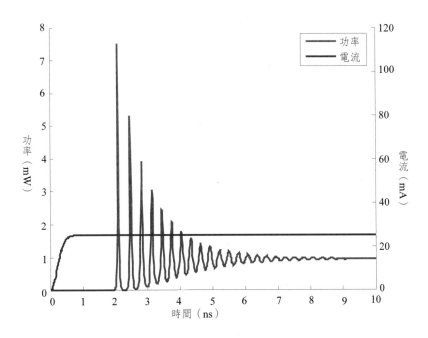

圖 3.11 雷射的弛緩振盪

■直調

雷射二極體可通過直調（direct modulation）把類比或數位訊號載到光波上，如圖 3-12 所示，當直調電流改變時，發射光功率也會改變。

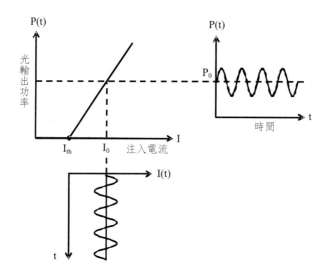

圖 3-12　直調電流改變使雷射二極體發射光功率改變

當微小直調信號（small signal）$i_1 e^{j\omega t}$ 注入雷射二極體中，其載子密度和光子密度變化為：

$$I = I_0 + i_1 e^{j\omega t}$$
$$n = n_{th} + n_1 e^{j\omega t}$$
$$S = S_0 + s_1 e^{j\omega t} \tag{3.25}$$

把式（3.25）代入式（3.13），可得出：

$$\frac{dn_{th}}{dt} + \frac{dn_1 e^{j\omega t}}{dt} = \frac{I_0 + i_1 e^{j\omega t}}{qV} - \frac{n_{th} + n_1 e^{j\omega t}}{\tau}$$
$$- v_g a\,(n_{th} + n_1 e^{j\omega t} - N_0)(S_0 + s_1 e^{j\omega t})$$

$$\Rightarrow \frac{dn_{th}}{dt} = \frac{I_0}{qV} - \frac{n_{th}}{\tau} - v_g a (n_{th} - n_0) S_0 \approx 0, \; n_1 e^{j\omega t} s_1 e^{j\omega t} \approx 0$$

$$\Rightarrow \frac{dn_1 e^{j\omega t}}{dt} = \frac{i_1 e^{j\omega t}}{qV} - \frac{n_1 e^{j\omega t}}{\tau} - v_g a (n_{th} - n_0) s_1 e^{j\omega t} - v_g a n_1 e^{j\omega t} S_0 \qquad (3.26)$$

把左項微分，得出 $\dfrac{dn_1 e^{j\omega t}}{dt} = j\omega n_1 e^{j\omega t}$ ，再代入 $\Gamma v_g a (n_{th} - n_0) = \dfrac{1}{\tau_p}$ ，式

（3.26）可寫成：

$$j\omega n_1 e^{j\omega t} = \frac{i_1 e^{j\omega t}}{qV} - \frac{n_1 e^{j\omega t}}{\tau} - v_g a (n_{th} - n_0) s_1 e^{j\omega t} - v_g a n_1 e^{j\omega t} S_0$$

$$j\omega n_1 = \frac{i_1}{qV} - \left(\frac{1}{\tau} + v_g a S_0\right) n_1 - \frac{s_1}{\Gamma \tau_p} \qquad (3.27)$$

把式（3.25）代入式（3.14），可得出：

$$\frac{dS_0}{dt} + \frac{ds_1 e^{j\omega t}}{dt} = \Gamma v_g a (n_{th} + n_1 e^{j\omega t} - n_0)(S_0 + s_1 e^{j\omega t}) - \frac{S_0 + s_1 e^{j\omega t}}{\tau_p}$$

$$\frac{dS_0}{dt} = \Gamma v_g a (n_{th} - n_0) S_0 - \frac{S_0}{\tau_p}$$

$$\frac{ds_1 e^{j\omega t}}{dt} = \Gamma v_g a (n_{th} - n_0) s_1 e^{j\omega t} + \Gamma v_g a n_1 e^{j\omega t} S_0 - \frac{s_1 e^{j\omega t}}{\tau_p}$$

$$\frac{ds_1 e^{j\omega t}}{dt} = \frac{1}{\tau_p} s_1 e^{j\omega t} + \Gamma v_g a n_1 e^{j\omega t} S_0 - \frac{s_1 e^{j\omega t}}{\tau_p}$$

$$j\omega s_1 e^{j\omega t} = \Gamma v_g a n_1 e^{j\omega t} S_0$$

$$j\omega s_1 = \Gamma v_g a n_1 S_0 \qquad (3.28)$$

可把式（3.28）寫成：

$$j\omega s_1 = \Gamma v_g a n_1 S_0$$

$$\Rightarrow n_1 = \frac{j\omega s_1}{\Gamma v_g a S_0}$$

代入（3.27）後可得出：

$$j\omega\left(\frac{j\omega s_1}{\Gamma v_g a S_0}\right) = \frac{i_1}{qV} - \left(\frac{1}{\tau_e} + v_g a S_0\right)\frac{j\omega s_1}{\Gamma v_g a S_0} - \frac{s_1}{\Gamma\tau_p}$$

$$\frac{-\omega^2 s_1}{\Gamma v_g a S_0} = \frac{i_1}{qV} - \left(\frac{1}{\tau_e} + v_g a S_0\right)\frac{j\omega s_1}{\Gamma v_g a S_0} - \frac{s_1}{\Gamma\tau_p}$$

$$\left[\frac{-\omega^2}{\Gamma v_g a S_0} + \left(\frac{1}{\tau_e} + v_g a S_0\right)\frac{j\omega}{\Gamma v_g a S_0} + \frac{1}{\Gamma\tau_p}\right]s_1 = \frac{i_1}{qV}$$

$$\frac{s_1}{i_1} = \frac{-\Gamma v_g a S_0/qV}{\omega^2 - \left(\frac{1}{\tau_e} + v_g a S_0\right)j\omega - \frac{v_g a S_0}{\tau_p}} \tag{3.29}$$

從式（3.29）可觀察到一個有趣的現象，當直調訊號頻率 ω 低時，s_1/i_1 會是常數，當直調訊號頻率 ω 高時，s_1/i_1 會趨向零。當式（3.29）右項分母趨向零時，s_1/i_1 會趨向無限大，現在找出（3.29）右項分母的根為：

$$\omega_R = \frac{j}{2}\left(\frac{1}{\tau_e} + v_g a S_0\right) \pm \frac{1}{2}\sqrt{-\left(\frac{1}{\tau_e} + v_g a S_0\right)^2 + 4\frac{v_g a S_0}{\tau_p}}$$

$$\omega_R = \frac{j}{2}\left(\frac{1}{\tau_e} + v_g a S_0\right) \pm \sqrt{-\frac{1}{4}\left(\frac{1}{\tau_e} + v_g a S_0\right)^2 + \frac{v_g a S_0}{\tau_p}}$$

$$|\omega_R|^2 = \left[\frac{1}{2}\left(\frac{1}{\tau_e} + v_g a S_0\right)\right]^2 - \frac{1}{4}\left(\frac{1}{\tau_e} + v_g a S_0\right)^2 + \frac{v_g a S_0}{\tau_p}$$

$$|\omega_R| = \sqrt{\frac{v_g a S_0}{\tau_p}} \tag{3.30}$$

式（3.30）就是雷射二極體的弛緩振盪頻率，也代表了雷射二極體的最大直調速度。圖 3-13 為雷射二極體的頻率響應，曲線的最高值為雷射二極體的弛緩振盪頻率。可從式（3.30）中觀察出影響雷射二極體直調速度的參數。

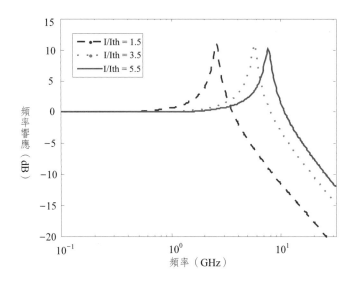

圖 3-13　雷射二極體的頻率響應

　　要注意在直調時，載子密度會隨著注入電流的變化而改變，而載子密度會影響雷射內的增益係數使輸出的雷射光產生啾頻，如圖 3-14 所示，直調產生的光訊號前端頻率會比後端高，因此我們也可以用第二章所學到的，利用光纖中的色散結合啾頻訊號把光脈衝壓縮。

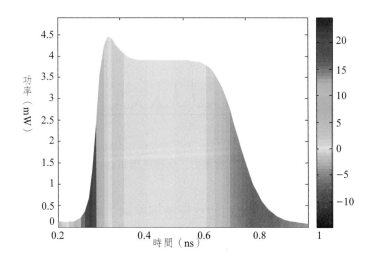

圖 3-14　直調時雷射產生啾頻

3.9 光通訊常用的雷射二極體

光通訊中常用到的雷射二極體有 3.6 節中說明的法布里一珀羅（FP）雷射二極體，雖然生產成本便宜，但因為產生很多縱模，極易受到光纖色散影響，所以 FP 雷射多用於短距離通訊。其他常用到的雷射二極體有分佈式回饋雷射二極體（distributed feedback laser diode, DFB-LD），正如其命，回饋並非局限於表面，而是遍佈在整個雷射腔內，可見圖 3-15(a)。此回饋可藉由內建一個光柵來達成，而光柵能決定 DFB 雷射的波長，也可把其它邊旁縱模抑制（side-mode suppression），達到單縱模（single longitudinal mode）操作，其輸出光譜可見圖 3-15(b)。

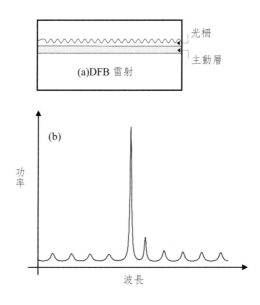

圖 3-15　(a) 分佈式回饋雷射二極體結構和 (b) 輸出光譜

除了 DFB 雷射外，分散式布拉格反散器雷射二極體（distributed Bragg reflector laser diode, DBR-LD）也能產生單一波長。跟 DFB 雷射不同的是，DBR 雷射回饋並不會發生在雷射的主動區中，如圖 3-16(a) 所示。DBR 雷射的兩端是光柵，它們像鏡子並針對特定波長而反射。

近年，面射型雷射（vertical cavity surface emitting laser, VCSEL）也被廣泛應用在光通訊中，VCSEL 可藉由極微小的共振腔長度（大約 1 μm）達到單縱模操作，因為其模態間距超過增益頻寬。VCSEL 放射光的方向垂直於主動層平面使其易於檢驗，而且放射光為一圓型光柱，能夠有效地耦合進光纖內。

在分波多工系統中需要不同波長的雷射，而在發送器中使用大量不同波長的雷射會使得通訊系統非常昂貴。雖然 DFB 雷射可透過?控來改變其波長，但範圍調整大約 1 nm。可以利用耦合共振腔（coupled-cavity）雷射來產生單模可調雷射（tunable laser），在耦合共振腔雷射中，單縱模的操作可藉由將光耦合進一個外部的共振腔中，部分的反射光將回饋進雷射的共振腔內。圖 3-16(b) 顯示一個簡單的方法將半導體雷射的光耦合進外部光柵中，其輸出的波長可藉由轉動光柵來達致大範圍的波長調整（～50 nm）。圖 3-16(c) 為一典型的多節分散式布拉格反散器雷射二極體（multi-section

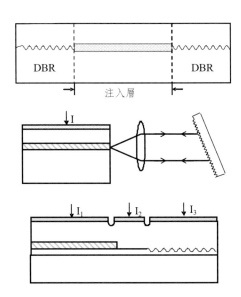

圖 3-16　(a) 分散式布拉格反散器雷射二極體，(b) 耦合共振腔雷射和 (c) 多節分散式布拉格反散器雷射二極體的結構

DBR-LD）結構，主要由三個區域構成，包括主動區、相位控制區及布拉格區。每一個區域皆可藉由注入不同的電流來獨立控制。將電流注入布拉格區中可藉由折射率的改變來控制布拉格波長：$\lambda_B = 2n\Lambda$，其中 n 為折射率、Λ 為光柵週期。可連續性的調整雷射波長，其調整範圍約為 10 nm。

將電流注入相位控制區可透過折射率的改變來控制回饋光之相位。

3.10　外部調變

調變是把訊號注入載波，使其更有利於傳輸的技術。調變主要會使載波的振幅、頻率或相位產生改變。在光纖通訊中，振幅調變比較常用。在 3.8 節中已分析了半導體雷射的直調特性，此調變方法雖然簡單，但調變速度有限（受弛緩振盪頻率限制），而且光訊號會產生啾頻，不宜長距離通訊。因此外部調變（external modulation）將會是一個不錯的選擇。在光纖通訊中常用到的外部調變器（modulator）有馬赫詹德調變器（Mach-Zehnder modulator, MZM）和電—吸收調變器（electro-absorption modulator, EAM）。

■MZM

MZM 目前常使用在長距離光纖通訊中，其結構如圖 3-17 所示。輸入光源進入一個 Y 形分光波導，此 Y 形分光波導把光源分成兩個路徑，而這兩個路徑藉由外加偏壓會產生相位差。當偏壓為零伏特時無相位差，波導的輸出端會產生建設性干擾，此時輸出功率最大。若兩個路徑有 π 的相位差，波導的輸出端會產生破壞性干擾，此時輸出功率最小。

圖 3-17　MZM 的結構

MZM 的輸出功率為一餘弦函數：

$$P_{out} = P_{in} \frac{1}{2} \{1 + \cos [\phi (V)]\}$$

$$\phi (V) = \frac{\pi}{V_\pi} V + \phi_0 \qquad\qquad (3.31)$$

其中 P_{out} 為輸出光功率，P_{in} 為輸入光功率，V 為輸入電壓，V_π 為半波長電壓，ϕ_0 為初始相角。在式（3.31）中可以看到 MZM 的輸出特性，當輸入電壓為零伏時，而初始相角為零，$\phi(0) = 0$，輸出光功率最大。當輸入電壓為 V_π 時，$\phi(V_\pi) = \pi$，輸出光功率最小。

　　在圖 3-16 MZM 結構中的輸出波導是利用波導－波導耦合器（waveguide-to-waveguide coupler），三維結構如圖 3.18 所示。當然也可利用 Y 形分光波導（像輸入端）作 MZM 的輸出波導。

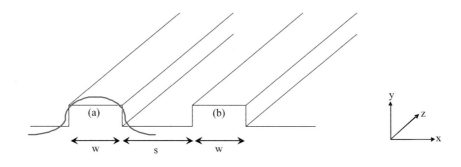

圖 3-18　波導－波導耦合器

　　波導─波導耦合器的工作原理如下，能量在波導中傳遞也包含了在外部包覆層（cladding）中傳遞的能量，延伸出波導管的場被稱為衰減波（evanescent wave）。可利用此衰減波的特性把光從波導管耦合進另一個足夠靠近的波導管中。圖 3-17 的 (a) 和 (b) 是兩個寬 w 的相同波導，彼此的微小間距為 s。波導管 (a) 中的電場可表示為：

$$E_a = a_0(x, y)e^{j\beta z}e^{jwt} \qquad (3.32)$$

同樣地，波導管 (b) 中的電場可表示為：

$$E_b = b_0(x, y)e^{j\beta z}e^{jwt} \qquad (3.33)$$

　　電場的相互作用可運用耦合模理論（coupling mode theory）來描述[6, 7]。在個別的波導管中，與振幅相關的耦合方程式可簡化為：

$$da_0/dz = \kappa b_0 \qquad (3.34)$$
$$db_0/dz = -\kappa a_0 \qquad (3.35)$$

此處 κ 為耦合係數。

　　在傳輸距離 z 之內，我們可以清楚的觀察到其中一個波導管中的電場可提升另一波導管中的電場能量，且彼此間能量的轉移呈週期性，此週期與耦合長度 L_π 相關。而完全的能量轉移發生於 $L_\pi = m\pi/2\kappa$，m 為正整數。另外一個特別的例子為 $L_c = L_\pi/2 = m\pi/4\kappa$，此時所轉移的能量為全部的一半，而此結構也正如其特性被命名為 3-dB 耦合器。耦合效率由耦合係數 κ 所決定，而它會受 x 方向的傳播常數及 w 和 s 值的影響。

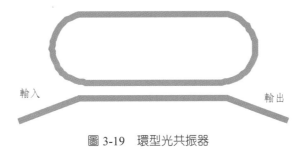

圖 3-19　環型光共振器

環型共振器（ring resonator）為另一個例子，如圖 3-19 所示，部份的輸入光源會耦合進圓環中，此元件可作為干涉儀使用。光在圓環中循環，假若環中光的相位偏移 $\Delta\phi$ 是波長週期的整數倍時，環中的光便會與輸入光同相位，即為：

$$\Delta\phi = 2m\pi \tag{3.36}$$

$$\beta L = 2m\pi \tag{3.37}$$

β 為波導管中的傳播常數，L 為光路徑長度，m 為整數。因此符合此條件的波長將會在元件中共振。環中的光路徑長度為 $L = 2\pi R$，R 為圓環的半徑，再將 β 以波長 λ 表示，可導出符合此圓環的共振波長：

$$\lambda = \frac{2\pi N R}{m} \tag{3.38}$$

N 為波導管模態的有效係數。

■EAM

EAM 是利用外加電場去改變材料對光的吸收，若用塊材（bulk）半導體材料為吸收層，其操作原理是利用法蘭茲－凱爾迪西效應（Franz-Keldysh effect），若用量子井為吸收層，其操作原理則是利用量子局限史塔克效應（Quantum Confined Stark Effect, QCSE）。用量子井有較好的調變效果，但與塊材的 EAM 相比卻有較狹窄的光頻寬。

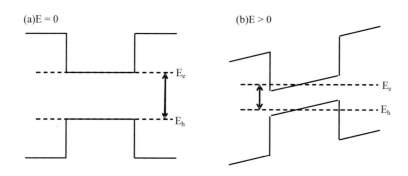

圖 3-20　量子井處於 (a) 無外加電場與 (b) 外加電場存在時的能帶。

　　量子局限史塔克效應發生在二維的量子井中，如圖 3-20 所示。當未受到外加電場 **E** 作用時，導電帶、價電帶是水平的。當受到外加電場時，能帶產生傾斜，也使能帶的間隔變小，而使吸收波長會隨外加偏壓加大而往長波長方向移動，稱為紅移（red shift）現象。因此假設一個比較長波長的光源進入 EAM 時，在沒有外加電場時，光是不會被有效吸收的，當 EAM 受到外加電場時，能帶產生傾斜，也使能帶的間隔變小，此時光源會被吸收，而輸出光功率變小，所以光能被調變。

3.11　雷射雜訊

　　即使半導體雷射的驅動電流維持在一定值，輸出的雷射光強度、相位及頻率依然會在一定的範圍內呈不規則變化，這些雜訊來源於自發放射。每一個自發放射的光子都會隨機加在激發放射光子中，使得振幅與相位呈現隨機的變化。當半導體雷射維持在固定的驅動電流時，強度變化導致有限的訊號與雜訊比（signal-to-noise ratio, SNR），而相位變化導致放射光光譜線寬（linewidth）變寬。光強度的自相關（autocorrelation）可寫成：

$$C_{pp}(\tau) = \frac{\langle \delta P(t)\delta P(t+\pi) \rangle}{\overline{P}^2} \qquad (3.39)$$

$\overline{P}$ 為平均值，$\delta P = P - \overline{P}$。傅立葉轉換後的 $C_{pp}(\tau)$ 被稱為相對強度雜訊（relative intensity noise, RIN），可用來描述雷射的雜訊。

$$RIN(\omega) = \int_{-\infty}^{\infty} C_{pp}(\tau)\exp(-i\omega t)dt \qquad (3.40)$$

由上式可知雷射相對強度雜訊會受直調頻率 ω 改變。

　　以上分析皆假設雷射為單縱模，但實際的單縱模雷射中，如 DFB 雷射，儘管邊旁縱模被抑制超過 20 dB，他們的存在也會對 RIN 產生明顯的影響。特別是邊旁縱模沒有被抑制的雷射中，如 FP 雷射，這時的 RIN 會很大，原因是雖然雷射總輸出功率維持不變，但主模與邊模的強度會各自變化，此現象稱為模分配雜訊（mode partition noise, MPN）。

3.12　雷射的構裝

　　雷射二極體在製成後，會搭配濾鏡、金屬蓋等元件，封裝（packaging）成光學次模組（optical subassembly, OSA），再與電子次模組（electrical subassembly, ESA）構裝成光傳輸模組。電子次模組包含傳送及接收驅動，溫控等晶片。光學次模組又可分為光發射次模組（transmitter optical subassembly, TOSA）與光接收次模組（receiver optical subassembly, ROSA）。圖 3-21 為常用的光模組封裝，包括 TO can（transmitter outline can）、DIL（Dual-In-Line）和 butterfly。圖 3-22 為 TO can 及 butterfly 封裝內的結構。

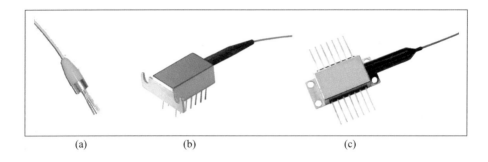

圖 3-21　常用的光模組封裝：(a) TO can、(b) DIL 和 (c)butterfly

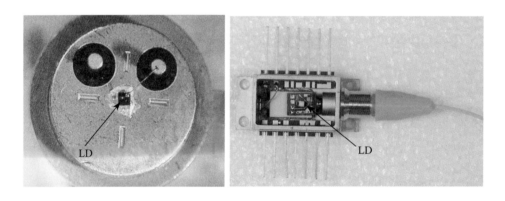

圖 3-22　(a) TO can 及 (b) butterfly 封裝內的結構

習題

1 利用式（3.3）和式（3.4），設定雷射二極體的波長為 1.55 μm，請找出 x 和 y。

2 雷射二極體的波長和長度分別是 1.55 μm 和 300 μm，利用式（3.9）找出雷射二極體的縱模間隔。

3 利用式（3.11）和（3.12），假設增益係數 $a = 1.35 \times 10^{-16}$ cm^2，透明載子密度 $n_0 = 1.1 \times 10^{18}$/cm^3，雷射二極體長度 $L = 300$ μm，主動區厚 0.2 μm，闊 2 μm，內部衰減 $\alpha = 10$ cm^{-1}，光局限因子 $\Gamma = 0.3$，載子生命週期 $\tau = 2$ ns，$R_1 = R_2$，請找出閾值電流。

4 利用式（3.30），請找出方法把雷射二極體的最大直調速度增加。

5 請說明利用雷射二極體直調時的優點和缺點。

引用參考文獻

[1] A. L. Schawlow and C. H. Townes, "Infrared and optical masers," *Physical Review*, vol. 112, pp. 1940, 1958

[2] T. H. Maiman, "Stimulated optical radiation in ruby," *Nature*, vol. 187, pp. 493, 1960

[3] R. N. Hall, et al, "Coherent light emission from GaAs junctions," *Phys. Rev. Lett.*, vol. 9, pp. 366, 1963

[4] T. M. Quist, et al, "Semiconductor maser of GaAs," *Appl. Phys. Lett.*, vol. 1, pp. 91, 1962

[5] N. Holonyak Jr. and S. F. Bevacqua, "Coherent visible light emission from Ga (As1-xPx) Junctions," *Appl. Phys. Lett.*, vol. 1, pp. 82, 1962

[6] R. G. Hunsperger, *Integrated Optics: Theory and Technology*, Springer, 1991

[7] S. Somekh, E. Garmire, A. Yariv, H. L. Garvin, and R. G. Hunsperger "Channel optical waveguide directional couplers," *Appl. Phys. Lett.*, vol. 22, pp. 46, 1973

其它參考文獻

[1] S. O. Kasap, *Optoelectronics and Photonics: Principles and Practices*, Prentice Hall, 2001

[2] A. E. Siegman, *Laser*, University Science Books, 1986

[3] O. Svelto, *Principles of Lasers*, Springer, 1998

[4] S. L. Chuang, *Physics of Photonic Devices*, Wiley, 2009

[5] K. Y. Lau, *Ultra-high Frequency Linear Fiber Optic Systems*, Springer, 2009

[6] G. T. Reed and A. P. Knights, *Silicon Photonics: An Introduction*, Wiley, 2004

第四章

光接收器

我們已分別在第二章和第三章中分別介紹了光纖和光源。本章將討論光接收器（optical receiver），光接收器的作用是通過光電效應（photoelectric effect）將光訊號轉換為電能。光接收器是把光二極體（photodiode, PD）結合電放大器及濾波器而組成。本章會闡述光二極體之原理、種類及光二極體之雜訊，也會探討訊號眼圖（eye-diagram）及位元誤碼率（bit-error rate）的測量方法。

4.1 光二極體之原理

當光照射到半導體 P-N 接面上，若光子能量足夠大，會使半導體材料中價電帶（valance band）之電子吸收光子之能量，從價電帶躍遷到導電帶（conduction band），即產生了電子—電洞對（electron-hole pair）。假設光二極體材料之能隙為 E_g，入射光波長為 λ，當入射光子能量要大於能隙，即入射光波長 $\lambda < \lambda_c$ 時，才能使半導體材料產生光電流（photo-current），λ_c 被稱為截止波長（cut-off wavelength），可表示為：

$$\lambda_c = \frac{hc}{E_g} = \frac{1.24}{E_g} \ (\mu m) \tag{4.1}$$

h 為浦朗克常數（Plank constant），一些半導體材料的能隙，如矽 Si 是（$E_g = 1.12$ eV）、鍺 Ge 是（$E_g = 0.67$ eV）。

光二極體的效率可用響應度（responsivity, R）來表示，它是光二極體的輸出光電流對輸入光功率的比值，單位為 A/W。

$$R = \frac{I_p}{P_{in}} \tag{4.2}$$

光二極體用的半導體材料之效率可用量子效率（quantum efficiency）來表示，它是入射光子所產生電子—電洞對與入射光子數目的比值。

$$\eta = \frac{電子電洞對數目}{入射光子數目} = \frac{I_p/q}{P_{in}/hv} = \frac{hv}{q}R$$

$$R = \frac{\eta q}{hv} \cong \frac{\eta \lambda}{1.24} \tag{4.3}$$

圖 4-1 為光二極體常用半導體材料之吸收係數（absorption coefficient），如在可見光範圍會利用矽光接收器，在光纖通訊的 1.5 μm 波長會利用 InGaAsP 光接收器。

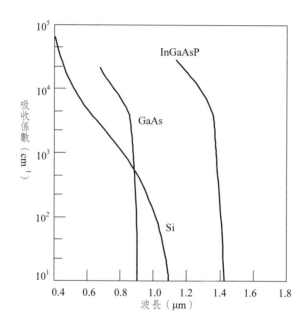

圖 4-1　光二極體常用半導體材料之吸收係數

4.2　光二極體之種類

光二極體由 P-N 接面組成，當光二極體處於反向偏壓時，P-N 接面會產生空乏區（depletion region）。在沒有入射光時，此空乏區會阻止電流流動。當有入射光時，光子在光二極體 P-N 接面激發產生電子－電洞對，繼而產生電流，這樣使能檢測到光訊號。光二極體的響應時間（response time）受限於三個因素，第一是空乏區內之漂移時間（drift time）τ_{drift}，第二是空乏區外載子的擴散時間（diffusion time）τ_{drift}，而第三則是空乏區之電阻電容時間常數（RC time constant）τ_{RC}。光二極體的總響應時間可寫成：

$$\tau = \sqrt{\tau_{drift}^2 + \tau_{diff}^2 + \tau_{RC}^2} \tag{4.4}$$

因在空乏區內有一個很大的電場，所產生的電子和電洞會分別以相反方向加速到 N 端和 P 端，此過程所需的時間稱為漂移時間，其與空乏區厚度、反向偏壓大小和載子移動率（carrier mobility）有關。

在空乏區之外（即 N 和 P 區）受光激發產生的電子—電洞對，在複合（recombine）之前也會擴散到光二極體的兩端，這就是載子的擴散時間。擴散時間因為沒有受到外加電場影響而是一個很慢的過程。產生的電子—電洞也必須要擴散經過空乏區，因此延遲了總響應時間。例如在 P 區產生的電子要擴散經過空乏區，再從空乏區中漂移到 N 端。

光二極體的接面就是一個串聯的電容和電阻，電容值與截面面積成正比，但與空乏區厚度成反比。雖然我們可以設計薄的空乏區來減少漂移時間，但是這樣會增加 RC 值使 τ_{RC} 值加大。

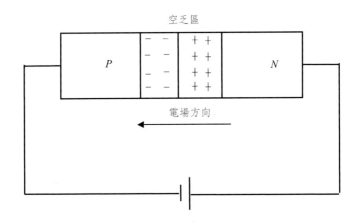

圖 4-2　由 P-N 接面組成的光二極體

■PIN 光二極體

　　漂移時間快的原因是當 P-N 二極體外加反向偏壓時，大部份的電壓會落在 P-N 接面的空乏區內，因此空乏區電場較大。若要增加漂移效應和減低擴散效應，須在 P 型及 N 型材料之間夾有一層本質層（intrinsic layer）半導體，見圖 4-3。在本質層半導體中由於沒有自由載子存在，外加反向偏壓都落在本質層兩端，因此有較強的電場。而且相對來說本質層比 P 及 N 層厚得多，大部份光子會在此區被吸收，再受到電場加速，所以響應速度很快。另外可以將 P 型和 N 型材料做得很薄並用較高的摻雜濃度，這也能夠減少擴散效應。

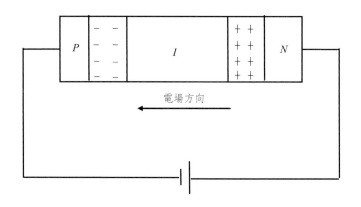

圖 4-3　由 PIN 接面組成的光二極體

■APD 光二極體

　　除了 PIN 光二極體，雪崩光二極體（avalanche photodiode, APD）也常被應用在光通訊中，因它有較高的接收器靈敏度（receiver sensitivity）。其結構是在 PIN 光二極體中加上一個增益區（gain region），如圖 4-4，並在 APD 加上很高的反向偏壓（60～100V）。當光入射到 APD 吸收區會產生電子和電洞，稱之為第一次載子（primary carrier）。它們受到強電場而加速,以極快速度碰撞到增益區的中性原子,產生很多第二次載子(secondary carrier)。像雪崩原理,經過多次碰撞後,載子數目會增加,這使 APD 光二極體的靈敏度大大高於 PIN 光二極體。

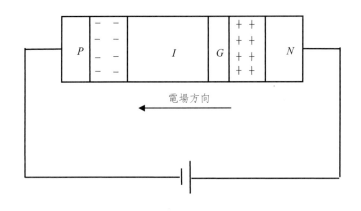

圖 4-4　APD 光二極體

4.3　光二極體之雜訊

　　光二極體之雜訊主要有散彈雜訊(shot noise)和熱雜訊(thermal noise)。雜訊會使接收到的光訊號失真,影響光通訊系統的品質。以下分別討論它們的特性:

■散彈雜訊

　　光二極體工作原理是吸收光子,產生電子一電洞對。然而這種產生電流程序,並非是連續且均勻的,而是隨機發生。這會做成輸出光電流的不穩定,它會呈波松分佈(Poisson distribution)。式(4.5)顯示光二極體所產生的總電流,其中包括光電流和散彈雜訊所產生的電流:

$$I(t) = I_p + i_s(t) \tag{4.5}$$

散彈雜訊電流的自相關（autocorrelation）和功率譜密度有關，如式（4.6）所示。其中 $i_s(t)$ 為散彈雜訊電流，$S_s(f)$ 為功率譜密度（power spectral density）。

$$\langle i_s(t)i_s(t+\tau)\rangle = \int_{-\infty}^{\infty} S_s(f)\exp(2\pi i f\tau)df \qquad (4.6)$$

而雜訊方差（noise variance）為：

$$\because \tau = 0$$

$$\sigma_s^2 = \langle i_s^2(t)\rangle = \int_{-\infty}^{\infty} S_s(f)df = 2q(I_p + I_d)\Delta f \qquad (4.7)$$

其中 Δf 為光二極體頻寬，q 為電子電荷值，$I_p + I_d$ 為電流（包括訊號光電流和暗電流）。暗電流是在沒有入射光的情況下，光二極體仍會產生的電流輸出。從式（4.7）可見，散彈雜訊隨光輸入強度及光二極體頻寬增加而增加，因此在光通訊系統的測量總會選用合適頻寬的光二極體，以減低散彈雜訊。

■熱雜訊

熱雜訊是光二極體載子的隨機熱運動所引起，由於載子熱運動是沒有特定運動方向的，因此會造成光接收器產生不穩定電流，它會呈高斯分佈（Gaussian distribution）。熱雜訊又稱為詹森雜訊（Johnson noise）。其雜訊方差為：

$$\sigma_T^2 = \langle i_T^2(t)\rangle = \int_{-\infty}^{\infty} S_T(f)df = (4k_B T/R_L)\Delta f \qquad (4.8)$$

k_B 為波茲曼常數（Boltzmannconstant），T 為絕對溫度（K），Δf 為光二極體頻寬，R_L 為接收器之等效電阻。由式（4.8）可見熱雜訊與入射光功率無關。

散彈雜訊和熱雜訊的總雜訊方差為：

$$\sigma^2 = \sigma_s^2 + \sigma_T^2 \qquad (4.9)$$

在 PIN 光二極體中訊號雜訊比（signal-to-noise-ratio, SNR）可寫成：

$$SNR = \frac{I_p^2}{\sigma^2}$$

$$= \frac{R^2 P_{in}^2}{2q(RP_{in} + I_d)\Delta f + 4(k_B T/R_L)\Delta f} \qquad (4.10)$$

而在 APD 光二極體中訊號雜訊比可寫成：

$$\because I_P = MRP_{in}$$

$$SNR = \frac{(MRP_{in})^2}{2qM^2 F_A(RP_{in} + I_d)\Delta f + 4(k_B T/R_L)\Delta f} \qquad (4.11)$$

其中 M 為 APD 的增強因子，FA 為噪聲係數（noise figure）。

4.4　光接收器

　　通常會把光二極體結合電放大器及濾波器而成為光接收器，如圖 4-5 所示。特別在 3R 光接收器中，它提供訊號再放大（Re-amplification）、再塑形（Reshaping）和時序再生（Retiming）。

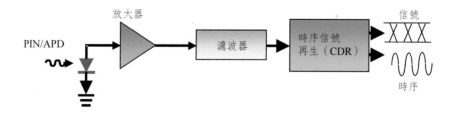

圖 4-5 光接收器

而電放大器一般可分成電壓放大、電流放大、互導（trans-conductance）放大和互阻抗（trans-impedance）放大。因光二極體會把光轉成電流，而在光接收器的最終端會是電壓測量，因此在光二極體後端會連接上互阻抗放大器（trans-impedance amplifier, TIA）。

4.5　位元誤碼率的測量

位元誤碼率（bit-error rate, BER）是數位通訊中衡量數據傳輸精確度的指標。通常表示為位元被錯誤接收的概率，即所接收到錯誤位元和傳輸總位元數的比率。

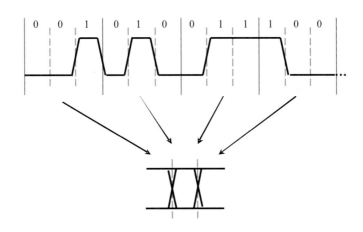

圖 4-6　位元不斷重疊產生眼圖

在光數位通訊中，位元通常以光強度來表示，即強光代表邏輯「1」，弱光代表邏輯「0」，圖 4-6 顯示把位元不斷重疊便能產生眼圖（eye-diagram）。眼圖能夠顯示很多訊號的特徵，如圖 4-7(a) 所示，其分別表示訊號週期（period），時間抖動（timing jitter），上昇時間（rise-time），下降時間（fall-time），邏輯「1」和「0」的雜訊分佈。我們可透過邏輯「1」和「0」的雜訊分佈得出訊號的 Q 值，從而推導出通訊的位元誤碼率。圖 4-7(b) 為實驗得出的眼圖。

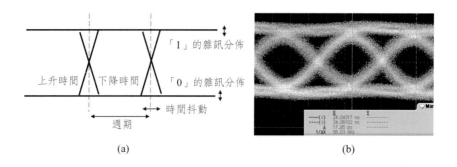

(a)   (b)

圖 4.7   (a) 眼圖的示意圖和(b) 實驗得出的眼圖（位元速率為 56 Gbit/s）

位元誤碼率定義為：

$$BER = p(1)P(0|1) + p(0)P(1|0) \tag{4.12}$$

當中 $p(1)$ 和 $p(0)$ 分別是接收到「1」和「0」的機率，而 $P(0|1)$ 是當傳送時是「0」但接收時卻判斷為「1」的機率，$P(1|0)$ 則是當傳送時是「1」但接收時卻判斷為「0」的機率。

如果傳送「1」和「0」的機率相同，位元誤碼率可寫成：

$$BER = \frac{1}{2}\left[P(0|1) + P(1|0)\right] \tag{4.13}$$

如圖 4-8 所示，「1」和「0」的雜訊可假設呈高斯分佈：

$$p_1(y) = \frac{1}{\sqrt{2\pi}\sigma_1}\exp\left[-\frac{(y_d+\mu_1)^2}{2\sigma_1^2}\right]$$

$$p_0(y) = \frac{1}{\sqrt{2\pi}\sigma_0}\exp\left[-\frac{(y_d+\mu_0)^2}{2\sigma_0^2}\right] \tag{4.14}$$

其中 y_d 為最佳判定閾值（threshold value），μ 為平均值，σ^2 為雜訊變異數（noise variance），如圖 4-8 所示，利用：

$$erfc\,(x) = \frac{2}{\pi} \int_x^\infty \exp\,(-y^2)\,dy \tag{4.15}$$

$p_1(y)$ 和 $p_0(y)$ 可寫成：

$$P(1|0) = \frac{1}{2} erfc\left(\frac{y_d - \mu_0}{\sqrt{2}\sigma_0}\right)$$

$$P(0|1) = \frac{1}{2} erfc\left(\frac{\mu_0 - y_d}{\sqrt{2}\sigma_1}\right) \tag{4.16}$$

因此對於高斯分佈的雜訊而言，位元誤碼率可表示為：

$$BER = \frac{1}{4}\left[erfc\left(\frac{\mu_1 - y_d}{\sqrt{2}\sigma_1}\right) + erfc\left(\frac{y_d - \mu_0}{\sqrt{2}\sigma_0}\right)\right] \tag{4.17}$$

在 y_d 的最佳設定情況下，可以得到最小的 BER。在一般精確的近似後可得到：

$$P(1|0) = P(0|1) \Rightarrow y_d = \frac{\sigma_0 \mu_1 + \sigma_1 \mu_0}{\sigma_0 + \sigma_1} \tag{4.18}$$

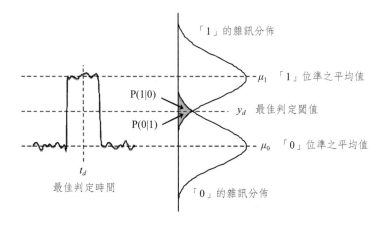

圖 4-8　訊號的邏輯「1」和「0」的雜訊為高斯分佈

BER 與 Q 值的關係式為：

$$BER = \frac{1}{2}erfc\left(\frac{Q}{\sqrt{2}}\right) \approx \frac{1}{\sqrt{2\pi}Q}\exp\left(-\frac{Q^2}{2}\right)$$ （4.19）

其中

$$Q = \frac{\mu_1 - \mu_0}{\sigma_0 + \sigma_1}$$ （4.20）

值得注意，（4.20）各項分別乘上阻抗或響應（responsivity）將轉換為以電流或光功率來表達 Q：

$$Q = \frac{i_1 - i_0}{\sigma_0 + \sigma_1} = \frac{P_1 - P_0}{\sigma_0 + \sigma_1}$$

圖 4-9 顯示了式（4.19）中 BER 與 Q 值之相互關係。

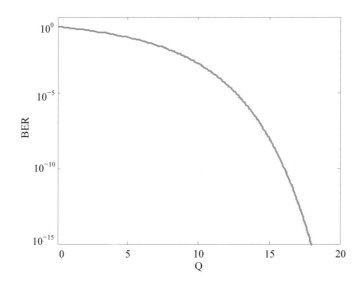

圖 4-9　BER 和 Q 的曲線

從式（4.20）可知若要把 Q 增大，邏輯「1」和「0」的雜訊要減低，或把「1」和「0」的距離增加。之前提到人們通常利用強光代表邏輯「1」而弱光代表邏輯「0」，假若在邏輯「0」時仍有光入射到測量系統中，這會影響 Q 及 BER 值。因此我們會盡可能把邏輯「0」的光強度減到最低，可以利用消光比（extinction ratio, ER）來表示訊號「1」和「0」的關係：

$$ER(\text{dB}) = 10\log_{10}\frac{\mu_1}{\mu_0} \tag{4.21}$$

光通訊系統常常會利用 BER 與接收光功率曲線來表示數據的傳輸精確度，從式（4.19）可見：

$$-\log(BER) \propto Q^2 \tag{4.22}$$

而

$$Q \propto \mu_1 - \mu_0 (mW)$$
$$\because \log(Q) \propto \mu_1 - \mu_0 (dBm)$$
$$\Rightarrow \log|(-\log(BER))| \propto \mu_1 - \mu_0 (dBm) \tag{4.23}$$

因此我們可把 log(log(BER)) 和接收的光功率（dBm）繪成一直線，如圖 4-10 所示。若在一個通訊系統，我們需要最高的 BER 容忍為 10^{-9}，從 BER 曲線中可得出此通訊系統的接收光功率，此值為接收器靈敏度，如圖 4-10 所示即大約是 -28 dBm。假設我們設計了一個通訊系統，我們可以透過量度訊號在此系統中未經過光纖傳輸時的 BER 值，即背對背（back-to-back）值和訊號在此系統中有經過光纖傳輸時的 BER 值，來衡量此系統的數據傳輸精確度。其中接收器靈敏度的差值稱為功率代價（power penalty），即是要花多少額外的功率才能得到相同的 BER 值，見圖 4-11。

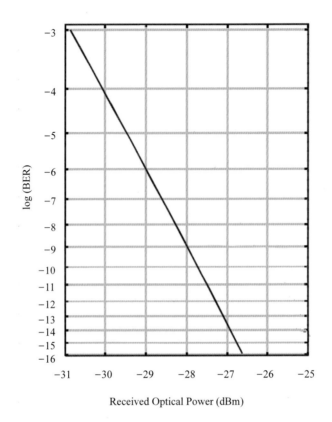

圖 4-10　一個通訊系統的 BER 與接收光功率曲線

從（4.10）我們知道 PIN 光二極體的 SNR 為：

$$SNR = \frac{I_p^2}{\sigma^2}$$

$$= \frac{R^2 p_{in}^2}{2q\,(RP_{in} + I_d)\,\Delta f + 4\,(k_B T/R_L)\,\Delta f}$$

在熱雜訊限制（thermal noise limit）下，SNR 可寫成：

$$SNR = \frac{R_L\,R^2\,P_{in}^2}{4k_B T F_n \Delta f} \tag{4.24}$$

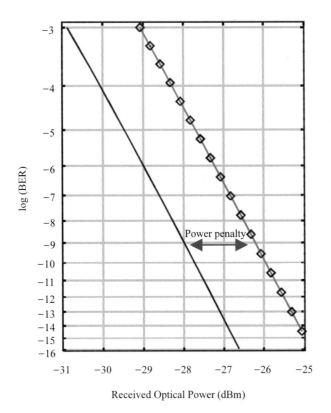

圖 4-11 功率代價

在散彈雜訊限制（shot noise limit）下，SNR 則可寫成：

$$SNR = \frac{RP_{in}}{2q\Delta f} = \frac{\eta P_{in}}{2hv\Delta f}$$ （4.25）

考慮在位元「1」時的能量：

$$E_p = N_p hv$$ （4.26）

N_p 是光子數量，hv 是光子能量。若位元速率是 B，入射功率可寫成：

$$P_{in} = N_p hv B$$ （4.27）

從（4.27）可看到 SNR 與光子數量的關係，若 $\Delta f = B/2$

$$SNR = \frac{\eta\,(N_p\,hvB)}{2hv\,(B/2)} = \eta N_p \qquad（4.28）$$

也就是說，當 $\eta = 1$，在散彈雜訊限制下要達到 SNR = 20 dB 需要的光子數大約是 100。

現在考慮 BER 與 SNR 的關係，在熱雜訊限制下 $\sigma_0 \approx \sigma_1$，而 $i_0 = 0$，從式（4.20）得知：

$$Q = \frac{i_1}{2\sigma_1} \qquad（4.29）$$

$$SNR = \frac{i_1^2}{2\sigma_1^2}$$

$$\therefore SNR = 4Q^2$$

可以看到當 Q = 6，SNR 須至少是 144 或 21.6 dB 才實現誤碼率 BER $\leq$ 10^{-9}。

但在散彈雜訊限制下，沒有熱雜訊 $\sigma_0 \approx 0$，$i_0 = 0$，從式（4.20）得知：

$$Q = \frac{i_1}{\sigma_1} ; \qquad（4.30）$$

$$SNR = \frac{i_1^2}{\sigma_1^2}$$

$$\therefore SNR = Q^2$$

在散彈雜訊限制下，SNR = 36 或 15.6 dB 已足夠實現誤碼率 BER $\leq 10^{-9}$。實際中，大部分的光接收器需要 SNR $\geq$ 20 dB 才能實現了 BER $\leq 10^{-9}$，因為它們的性能在熱雜訊的限制下。

4.6 光探測的量子極限

對於理想（ideal）的光接受器（無熱雜訊，無暗電流和 100% 的量子效率），$\sigma_0 = 0$，在沒有入射光功率下散彈雜訊也會消失，因此閾值可設定得相當接近「0」。對於這樣理想的接收器，誤碼的出現是一個光子不能產生一對電子電洞。對於這樣一個小數目的光子和電子，散彈雜訊的統計不能近似為高斯分佈，而以用較確切的波松分佈（Poisson distribution），因此 BER 可寫成：

$$BER = \frac{\exp(-N_p)}{2} \qquad (4.31)$$

要 BER $< 10^{-9}$，光子數目 N_p 必須超過 20。平均接收功率為：

$$\overline{P_{rec}} = N_p h v B / 2 = \overline{N_p} h v B \qquad (4.32)$$

因此，接收器靈敏度在量子極限（quantum limit）時，如使用一個 1.55 μm 接收器（hv = 0.8 eV），B = 10 Gb/s，平均接收功率是：

$$\overline{P_{rec}} = (10)(0.8)(1.6022 \times 10^{-19} \text{J})(10 \times 10^9 \text{s}^{-1})$$
$$= 12.8 \text{nW} = -48.9 \text{dBm}$$

大多數光接受器操作大於量子極限 20 dB。這就於說在實際接收器中，平均光接收功率通常超過 1000 粒光子。

4.7 眼圖測量

在測量眼圖，我們通常會把類比訊號轉變成數位訊號，再加以處理和儲存。第一步是把類比訊號進行取樣（sampling），取樣可分為實時取樣（real time sampling）和等效時間取樣（equivalent time sampling）。在實時取樣的情況下，因要滿足奈奎斯特定理（Nyquist theorem），取樣率得 ω_s > $2W$，此處 W 為類比訊號中最大的頻寬。這也意味著只有在滿足取樣率大於或等於類比訊號中最高頻率的兩倍，才可以不失真地恢復類比訊號，見圖 4-12。

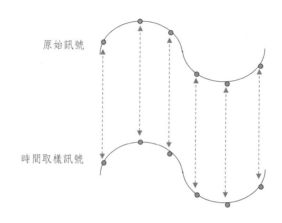

圖 4-12　實時取樣示意圖

在實際情況，因為訊號的位元率非常高，高速示波器也是非常昂貴的。人們便會利用等效時間取樣，見圖 4-13。大多數的人造訊號是重複的，因此樣本可在許多重複的信號下獲得。這樣的示波器也能準確地測量到頻率要比它的取樣率高出許多的訊號，這種示波器一般被稱為數位取樣示波器（digital sampling oscilloscope, DSO）。

　　一般實時取樣示波器的取樣率在 10~20 GHz，而數位取樣示波器能高達 70 GHz，而極高速的示波器可利用光取樣示波器（optical sampling oscilloscope），大致原理如圖 4-14 所示，高速原始訊號和高速光脈衝一起入射到非線性光學物質，通過非線性效應會產生和頻（sum-frequency, SF）或差頻（different-frequency, DF）的光，再測量這些新產生的光訊號。光取樣示波的取樣率可高達 640 GHz [5]。

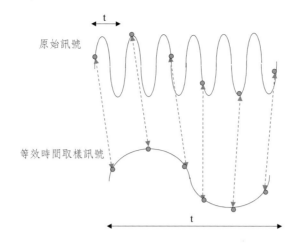

圖 4-13　等效時間取樣示意圖

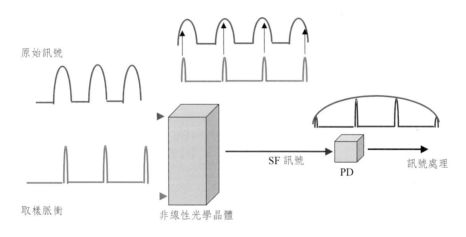

圖 4-14　光取樣示波器的原理

4.8　光頻寬與電頻寬

有許多術語來描述光接收器的頻寬，但最常見的兩種：光頻寬（optical bandwidth）與電頻寬（electrical bandwidth）。光接收器是一個轉換光功率（W）成電流（A）的設備。光接收器的頻寬能反影它的反應有多快，光接收器的電頻寬定義為在該頻率的電功率譜從 DC 下降到 50%（或 −3 dB）。

如果只是看光頻譜的本身，而沒有使它自乘，輸出的電流或電壓是正比於輸入光功率，當電壓頻譜下降到 50% 時稱為光帶寬。圖 4-15(a) 是光接收器的頻寬，假設形狀是高斯函數，光頻寬的 $\sigma = 1$：

$$f(x) = e^{\frac{-x^2}{2\sigma^2}} \qquad (4.33)$$

我們可以看到，光頻寬的 $1/e$ 寬是 $\sqrt{2}\,\sigma$，即 1.414。電頻寬是光頻寬的自乘，可見光頻寬 B_o 總是大於電頻寬 B_e，它們的關係是：$B_e = 0.707\,B_o$。圖 4-15(b)y 值是對數刻度（log scale），也可看到 −3dB 光頻寬 = −6dB 電頻寬。

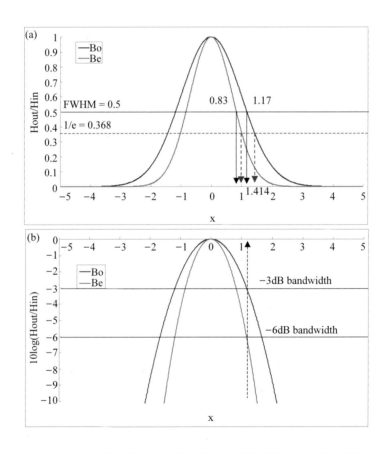

圖 4-15　光接收器的光頻寬與電頻寬(a) 線性刻度，(b) 對數刻度

習題

1. 請說明 APD 光二極體的優點和缺點。

2. 請找出當 $BER = 1 \times 10^{-9}$ 時的 Q 值。

3. 請用式（4.17）和（4.18），證明式（4.19）。

4. 當光訊號中的邏輯「1」和「0」分別為 1mW 和 0.5mW 時，請找出消光比。

5. 假若有一個通訊系統在 $BER = 10^{-9}$ 時的功率代價為 2 dB，請在圖 4-10 加上這系統的 BER—接收光功率曲線。

引用參考文獻

[1] L. K. Anderson and B. J. McMurtry, "High speed photodetectors," *Proc. IEEE*, vol. 54, pp. 1335, 1966.

[2] S. D. Personick, "Receiver design for digital fiber optic communication systems I and II," *Bell Syst. Tech J.*, vol. 52, pp. 843, 1973

[3] J. Conradi and P. P. Webb, "Silicon reach-through avalanche photodiodes for fiber optic applications," *Proc. 1st Eur. Conf. Optical Fiber Communication*, pp. 128, 1975

[4] S. D. Personick, "Optical Detectors and Receivers," *J. Lightw. Technol.*, vol. 26, pp. 1005, 2008

[5] J. Van Erps, et al, "High-resolution optical sampling of 640-Gb/s data using four-wave mixing in dispersion-engineered highly nonlinear planar waveguides," *J. Lightw. Technol.*, vol. 28, pp. 209-215, 2010

其它參考文獻

[1] S. Donati, *Photodetectors: Devices, Circuits and Applications*, Prentice Hall, 1999

[2] G. P. Agrawal, *Fiber-optic Communication Systems*, Wiley, 2002

[3] B. Razavi, *Design of Integrated Circuits for Optical Communications*, McGraw-Hill, 2003

[4] M. Summerfield, "Minding Your BER's and Q's," Tutorial, 1999

光通訊元件和子系統

本章將討論光纖網路系統中的重要光通訊元件（components）和各種子系統（subsystems）。首先會先針對光放大器的原理、種類和雜訊等進行討論，其後依序探討一些重要的光被動元件，如光隔離器（optical isolator）、光循環器（optical circulator）、光纖光柵（fiber grating）和陣列波導光柵（arrayed waveguide grating, AWG）等。緊接著則講解通訊子系統，如可調式光塞取多工器（reconfigurable optical add-drop multiplexer, ROADM）的工作原理。而本章的最後部分會說明矽光子（Silicon photonics）技術，它被認為能夠在未來將不同的光電元件及子系統作整合以節省成本。

5.1　光放大器

在光長途網路中，光放大器起了非常重要的作用，它能放大光功率、應用為分波多工系統和長距離傳輸的中繼器。常用的光放大器有：摻鉺光纖放大器 EDFA、半導體光放大器（semiconductor optical amplifier, SOA）和拉曼放大器（Raman amplifier）。光放大器大多應用於以下三種用途：光功率放大器（booster amplifier），即是將光放大器置於雷射之後，以提高傳輸功率。光前置放大器（pre-amplifier），即是將光放大器放置在接收端的光接收器之前，將微弱訊號放大，以提高光接收器的靈敏度。光線路放大器（in-line amplifier），即是將光放大器放置在傳輸的光纖中，作光纖傳輸中衰減補償的作用。

EDFA 利用光纖纖芯部分摻雜鉺離子（Er^{3+}）作增益介質，它的泵浦光源（pump source）有 980 nm 和 1480 nm 兩種雷射，EDFA 的工作原理是當鉺離子吸收泵浦光源之能量躍遷至激發態，若這時有入射訊號光子，它們將激發起處於激發態的鉺離子，產生同調的光子，使入射訊號放大[1-2]，如圖 5-1 所示。

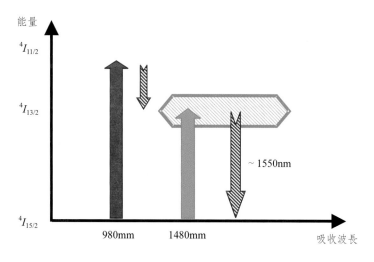

圖 5-1　鉺離子在玻璃材料之能帶圖

　　圖 5-2 顯示了 EDFA 的增益譜（gain profile）和噪聲係數（noise figure, NF），可見 EDFA 的增益 G 與輸入訊號功率 P_{in} 有關，當輸入訊號功率 P_{in} 過大時會產生增益飽和（gain saturation），使增益減低。EDFA 的雜訊主要來自於激發態鉺離子的自發放射，稱為放大自發輻射（amplified spontaneous emission, ASE）。雜訊指數的計算是 EDFA 輸出訊號與雜訊比 SNR_{in} 和輸入 EDFA 訊號與雜訊比 SNR_{out} 的比例，可用 dB 表示。

　　圖 5-2 中也可看見 EDFA 的增益是不均勻的，與輸入訊號波長有關。我們可以利用損耗特性與 EDFA 增益譜特性相反的光濾波器來抵消增益的不均勻，這種光濾波器稱為增益平坦濾波器（gain flattening filter）。

　　在一個孤立的離子中，電子的躍遷是非常明確的。當離子被納入在玻璃光纖時，能階的擴展便會發生，所以產生 EDFA 的頻譜。頻譜的展寬包括有均勻展寬（homogeneous broadening）（即所有離子表現出相同的擴大頻譜）和非均勻展寬（inhomogeneous broadening）（即不同的離子在不同玻璃的位置表現出不同的光頻譜）。均勻展寬來自玻璃中聲子的相互作用；而非均勻展寬來自不同的離子在不同玻璃的位置，它們所感受到的電場不同，因此能階的擴展也不同。

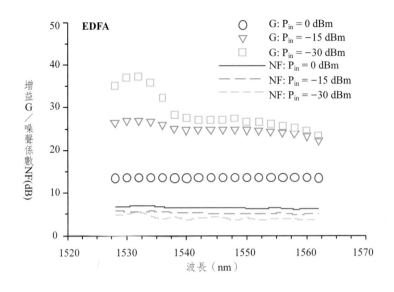

圖 5-2 EDFA 的增益 G 和噪聲係數 NF 與輸入訊號波長的關係[3]

常用的光放大器有 SOA，SOA 是由三五族的半導體材料所製成，它體積小，可與平面光路（planar lightwave circuit, PLC）結合使用。其響應時間（response time）比 EDFA 快速得多，可達 GHz。SOA 可應用於訊號處理，如光開關等。由於它是半導體，有與光纖的耦合損耗太大的缺點，同時也受輸入光訊號的極化狀態影響，使得噪聲係數較 EDFA 高。SOA 的原理與半導體雷射相同，是在雷射的兩個端面（facet）上塗上抗反射膜（anti-reflection coating, AR coating），去掉共振腔，利用激發態的載子使輸入光訊號激發進行光放大[4]。

一個理想的放大器是線性的，它能線性的增加入射信號的幅度，並引入一個線性相位移。而真實放大器的增益和相位移都是波長函數，見圖 5-3。

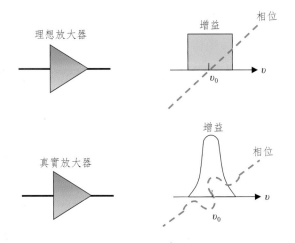

圖 5-3　理想和真實放大器的增益和相位移

由於增益介質的共振頻率（增益譜）是頻率函數，所以它也是色散介質。而且在增益譜中會產生與頻率相關的相位移。在均勻展寬（homogeneous broadening）的介質中，相位移與增益係數有關，其關係可用克拉默斯-克勒尼希關係（Kramers-Kronig relation）表示：

$$
\chi'(v) = \frac{2}{\pi} \int_0^\infty \frac{s\chi''(s)}{s^2 - v^2} \, ds
$$
$$
\chi''(v) = \frac{2}{\pi} \int_\pi^\infty \frac{v\chi'(s)}{v^2 - s^2} \, ds
$$

（5.1）

$\chi'(v)$，$\chi''(v)$分別為極化率（susceptibility）的實部和虛部，而它們也和折射率（refractive index）及吸收係數（absorption coefficient）有關：

$$
n - j\frac{\alpha}{2k_0} = (1 + \chi' + j\chi'')^{1/2}
$$

（5.2）

拉曼光放大器無需利用摻雜的光纖或半導體作為增益介質，它能直接使用傳輸的光纖來獲得增益。它的原理是利用光纖非線性效應中的激發拉曼散射（stimulated Raman scattering, SRS）進行光放大。增益譜及波長是可調的，可調範圍約為泵浦光源雷射的波長往長波長偏移 100 nm。拉曼光放大器的優點是架構簡單，增益頻帶非常寬且具有可調性等，其缺點是因為利用光纖非線性效應，需要很大的泵浦光源功率，而這些泵浦光源較 EDFA 所用的 980 nm 和 1480 nm 光源昂貴。在光長途網路中，人們也會把 EDFA 結合拉曼光放大器一起使用來提高增益值及增益頻寬。表 5-1 中將 EDFA，SOA 及拉曼光放大器做出比較。

表 5-1　比較摻鉺光纖放大器、半導體光放大器及拉曼光放大器

	摻鉺光纖放大器 （EDFA）	半導體光放大器 （SOA）	拉曼光放大器 （Raman amplifier）
增益（dB）	> 30	> 20	> 30
增益頻寬（nm）	~ 80（C＋L帶）	~ 40	~ 80
中央波段	固定在 C 或 L 帶	依材料而定	依泵浦光源而定
飽和功率（dBm）	~ 30	~ 20	~ 30
噪聲係數（dB）	4-5	6-8	3-5
材料	光纖（容易與傳輸的光纖耦合）	半導體（可以積體化）	光纖（傳輸的光纖可作增益介質）

5.2　光放大器雜訊

光放大器的主要雜訊是放大自發輻射（amplified spontaneous emission, ASE），由來自於激發態鉺離子的自發放射所產生。當光訊號被光放大器放大時，ASE 便會被加到光訊號中。當光訊號和 ASE 被光電二極體接收時，發生在光電二極體中的光電轉換便會產生差拍雜訊（beat noise），其中包括訊號與 ASE、散彈雜訊（shot noise）與 ASE、及 ASE 與 ASE 的差拍雜訊。這些雜訊能夠進入光接收器的電頻帶產生雜訊電流。式（5.3）分別代表訊號與 ASE 差拍雜訊（signal-spontaneous beat noise）、散彈雜訊與 ASE 差拍雜訊（shot-spontaneous beat noise）、及 ASE 與 ASE 的差拍雜訊（spontaneous-spontaneous beat noise）[5]。其雜訊變異數（variance）為：

$$\sigma^2_{S\text{-}ASE} = 4(RGP_{s\text{-}in})(RS_{ASE}B)$$

$$\sigma^2_{shot\text{-}ASE} = 2qRS_{ASE}\Delta v_{opt}B$$

$$\sigma^2_{ASE\text{-}ASE} = R^2S^2_{ASE}(2\Delta v_{opt} - B)B \qquad (5.3)$$

R 是光電二極體的響應度（responsivity），G 是增益，$P_{s\text{-}in}$ 是入射光功率，S_{ASE} 是 ASE 的功率譜密度（power spectral density），B 和 Δv_{opt} 分別是電和光帶寬，q 為電子電荷值。可見光放大器雜訊與電和光帶寬有關，因此可以利用光和電的濾波器來減低光放大器雜訊。由 ASE 產生的均方雜訊電流（mean-square noise current）是把這些雜訊變異數電流相加，可寫成：

$$\langle i^2_{total} \rangle = \sigma^2_{S-ASE} + \sigma^2_{shot-ASE} + \sigma^2_{ASE-ASE} \qquad (5.4)$$

5.3　光隔離器

　　光隔離器（optical isolator）的功用是隔絕光纖網路中的反射光，以免有多重反射造成系統的雜訊。它可被應用在光發送器中以避免反射光再次進入雷射影響雷射的功率穩定性，也可被應用在光放大器中避免反射光影響增益穩定性，並濾除背向傳播的 ASE 雜訊。

　　光隔離器的工作原理是基於法拉第效應（Faraday effect）[6]。法拉第效應是在介質中加上磁場，能使介質產生旋光性，即入射偏振光的振動方向會發生旋轉，而轉動角度的大小與磁光介質的性質以及磁場強度有關。

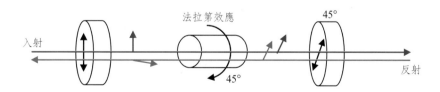

圖 5-4 光隔離器的工作原理

　　圖 5-4 顯示了光隔離器的工作原理，當入口處的偏振器（polarizer）和出口處的偏振器的光軸相差 45° 時，因法拉第效應把入射光的偏振面旋轉了 45°，所以入射光能夠透過出口處的偏振器，從而通過了整個光隔離器。而反射回來的光按原路到達入口處的偏振器時，因法拉第效應把偏振面按同一方向又旋轉了 45°，正好與入口處偏振器的方向成正交，即成 90°，因此無法通過入口處的偏振器，這就形成了光的單向傳輸，達到光隔離的效果。

5.4　光循環器

　　光循環器（optical circulator）是用來將與光訊號相反方向的光引導到另一條光路上，可應用於雙向傳輸，或搭配光纖光柵當作光塞取多工器（optical add-drop multiplexer），也可用作光隔離器。如圖 5-5 所示，當光訊號由端 1 輸入，便會在端 2 輸出。當光訊號由端 2 輸入便會在端 3 輸出。而從端 2 輸入的光不能從端 1 或端 4 輸出，這樣就防止了光線的反射。光循環器的工作原理也是利用法拉第效應，圖 5-6 為光循環器的工作原理[6]。

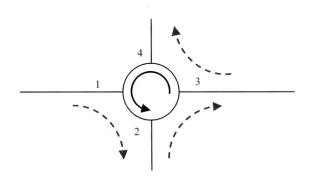

圖 5-5　光循環器的示意圖

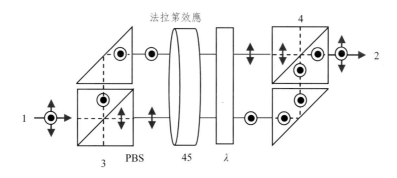

圖 5-6　光循環器的工作原理

5.5　光纖光柵

布拉格光纖光柵（fiber Bragg grating, FBG）是能反射特定波長、同時透射其它波長的被動元件，見圖 5-7。工作原理是靠菲涅爾反射（Fresnel reflection），通過光纖纖芯中的折射率週期變化而產生對特定波長反射。式（5.5）是反射波長 λ_{Bragg}，也稱為布拉格波長（Bragg wavelength），其中 n 是光纖纖芯的有效折射率，Λ 是光柵週期。

$$\lambda_{Bragg} = 2\mathrm{n}\Lambda \tag{5.5}$$

可以通過折射率或光柵週期對光纖光柵進行分類，光柵週期可以是統一（uniform）或分等級（graded）的，局部（localized）的或分佈（distributed）的。因此光纖光柵包括有啾頻布拉格光纖光柵（chirped FBG）、長週期光纖光柵（long-period grating, LPG）等。光纖光柵可應用在光濾波器、分波多工與解分波多工器、光纖雷射、色散補償器、光纖感測器[7]等。

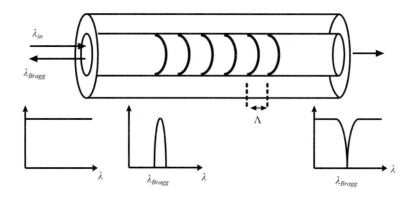

圖 5-7　布拉格光纖光柵的示意圖

5.6　陣列波導光柵

　　陣列波導光柵（arrayed waveguide grating, AWG）是常用的分波多工器（wavelength multiplexer）和解多工器（de-multiplexer），它能像棱鏡般把不同波長的光整合或分開，如圖 5-8 所示。

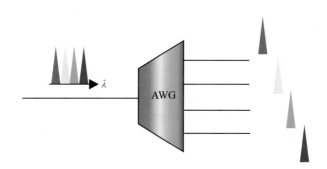

圖 5-8　陣列波導光柵的示意圖

　　要了解陣列波導光柵的工作原理，需要先探討多個同調（coherent）光源的干擾[8-10]。考慮 N 個線性陣列光源，它們之間的距離為 d，它們是同調及同相的，可見圖 5-9。當它們到達一個遙遠點 P 時，假設到達 P 的距離遠遠大於 d，我們可假設光線是平行的，我們可以表示每個到達 P 點的電場為：

$$E_i = E_0 \exp \left[j(\omega t - \beta r_i) \right] \qquad (5.6)$$

其中 i 代表光源 1 到 N，r 是每個光源與點 P 的距離，因此電場到達 P 時的總和是：

$$E_t = E_0 \exp \left[j(\omega t - \beta r_1) \right] + E_0 \exp \left[j(\omega t - \beta r_2) \right] + ... + E_0 \exp \left[j(\omega t - \beta r_N) \right] \qquad (5.7)$$

從圖 5-8 中可以看出額外路徑長度 Δr 是 $d \sin\theta$，所以額外相位差 $\Delta\phi$ 是：

$$\Delta\phi = -\beta\Delta r = -\beta d\sin\theta \qquad (5.8)$$

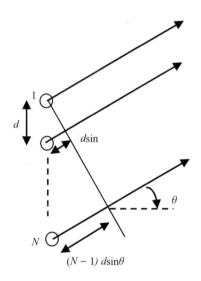

圖 5-9　N 個線性陣列光源距離為 d 的示意圖

所以式（5.7）可改寫成：

$$E_t = E_0 \exp \left[j(\omega t - \beta r_1) \right] \times [1 + \exp(j(\Delta\phi)) + \exp(j(2\Delta\phi)) + ... + \exp(j(N\Delta\phi))] \qquad (5.9)$$

再用上幾何級數公式（Geometric Series），便寫成：

$$
\begin{aligned}
E_t &= E_0 \exp\left[j\left(\omega t - \beta r_1\right)\right] \times \left[\frac{\exp(j(N\Delta\phi)) - 1}{\exp(j(\Delta\phi)) - 1}\right] \\
&= E_0 \exp\left[j\left(\omega t - \beta r_1\right)\right] \times \left[\frac{\exp(jN\Delta\phi/2)}{\exp(j\Delta\phi/2)}\right]\left[\frac{\exp(jN\Delta\phi/2) - \exp(-jN\Delta\phi/2)}{\exp(j\Delta\phi/2) - \exp(-j\Delta\phi/2)}\right] \\
&= E_0 \exp\left[j\left(\omega t - \beta r_1\right)\right]\left[\exp\left(j(N-1)\Delta\phi/2\right)\right]\left[\frac{\exp(jN\Delta\phi/2) - \exp(-jN\Delta\phi/2)}{\exp(j\Delta\phi/2) - \exp(-j\Delta\phi/2)}\right] \\
&= E_0 \exp\left[j\left(\omega t - \beta r_1 + (N-1)\Delta\phi/2\right)\right]\left[\frac{\sin(N\Delta\phi/2)}{\sin(\Delta\phi/2)}\right]
\end{aligned}
$$

（5.10）

在 P 點的強度為：

$$
I = I_0\left[\frac{\sin^2(N\Delta\phi/2)}{\sin^2(\Delta\phi/2)}\right]
$$

（5.11）

利用式（5.8）可得出：

$$
I = I_0\left[\frac{\sin^2(N\beta d/2)\sin\theta}{\sin^2(\beta d/2)\sin\theta}\right]
$$

（5.12）

從式（5.12）可以看到光強度與 N，θ 和 β 有關，圖 5-10 顯示了光強度在不同的光源數 N 及角度 θ 的關係。再把光源端引入相鄰相位差，如果附加的相位差相等於一個固定路徑長度 ΔL，那麼相位差便會隨著波長改變，圖 5-11 顯示了光強度在不同的波長及 θ 的關係（N = 10），可見這樣便能把不同的波長在空間中分隔開。

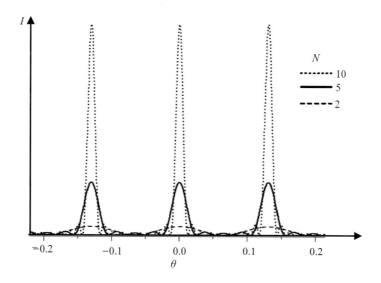

圖 5-10　光強度在不同的 N 及 θ 的關係

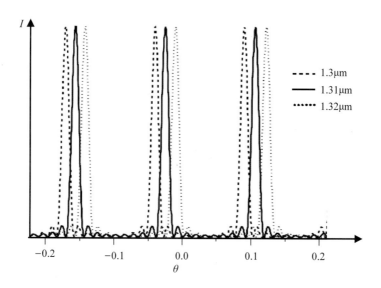

圖 5-11 光強度在不同的波長及 θ 的關係（N = 10）

　　因此可以利用以上原理製作一個陣列波導光柵 AWG，圖 5-12 顯示了 AWG 的組成部分，包括(1)輸入/(5)輸出波導，(2)，(4)自由傳播區（free propagation region, FPR）和(3)波導光柵。光從輸入波導進入自由傳播地區，然後分散並照射到自由傳播區出口端的彎曲陣列波導，在波導光柵中每個波導依序比前一個波導增加 ΔL 的長度，當光線經過波導光柵並到達出口端的自由傳播區時，不同波導光柵中射出的光線會對焦在輸出波導並進行建設性干擾。這和以上解釋的 N 個同調光源的干擾是相同的，因此最後不同波長便通過 AWG 而在空間中分隔開。

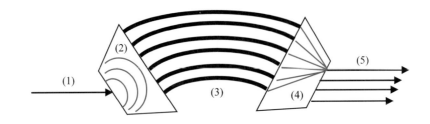

圖 5-12　陣列波導光柵的組成部分

5.7　可調式光塞取多工器

　　這節討論光纖網路中的子系統，在分波多工系統中可以容許數十個甚至上百個波長一起傳輸，但是當前的分波多工系統本質上還是點對點的，在物理層的組織和控制只能通過終端機（terminal）來實現，因此為了要增加網路的靈活度，可調式光塞取多工器（reconfigurable optical add-drop multiplexer, ROADM）也開始被廣泛應用。

　　目前 ROADM 的實現主要包括廣播與選取（broadcast and select）和解多工／開關／多工（Demux/Sw/Mux）。廣播與選取的原理如圖 5-13 所示，輸入訊號從西端進入，經過分光器分成兩路（即廣播）。向南的路是波長提取（drop），經波長選擇開關（wavelength selective switch, WSS）或可調濾波器（tunable filter）將選定的波長提取。直通的訊號再由東面的 WSS 或波長阻塞器（wavelength blocker）選擇濾除，也可經由南面通道作波長加入（add），再與上路訊號經耦合後輸出。

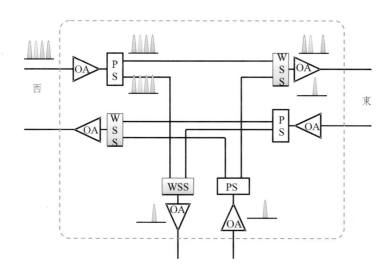

圖 5-13　可調式光塞取多工器的廣播與選取結構，PS：分光器，WSS：波長選擇開關，
　　　　OA：光放大器

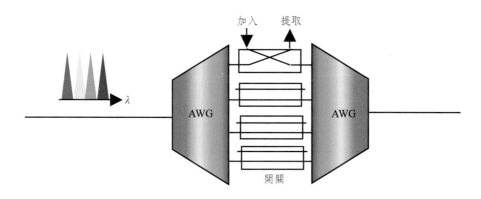

圖 5-14　可調式光塞取多工器的解多工 / 開關 / 多工結構

　　解多工 / 開關 / 多工的可調式光塞取多工器是利用解多工器 AWG 把
所有輸入的波長都在空間中分隔開，然後再透過光開關（optical switch）把
光傳輸到適當的輸出口（提取或直通），然後再和其它波長再耦合，如圖
5-14 所示。可調式光塞取多工器用到的開關技術可包括微機電系統（micro-
electro mechanical system, MEMS），液晶（liquid crystal）、光熱（thermo
optic）、光束轉向（beam-steering）等開關。

5.8　矽光路

　　矽光子（silicon photonics）是一項比較新興的技術[11-12]，它被認為能夠在未來把不同的光電元件整合以節省成本。目前為止，多數光設備是採用昂貴且製造複雜的特殊材料。如能夠把它們整合在一個光電積體電路（optoelectronic integrated circuit, OEIC）或平面光路（planar lightwave circuit, PLC），將能大大節省成本。矽光子元件不但能夠利用現在非常成熟的 CMOS 製程技術，而且更能以較低成本大幅提升以實現更高速的數據傳輸能力。未來電腦採用多處理器核心的技術，應用矽光路作為板與板（board-to-board）、晶片與晶片（chip-to-chip）或晶片內部的連結來取代傳輸頻寬已到達極限的金屬導線，以滿足未來高資料傳輸量的需求。

　　矽光子的優點有低成本、小型化及高效能，但矽光子也有很多技術上的難題和缺點。首先矽在紅外波段擁有間接能隙（indirect bandgap），雖然它能作為在紅外波段中良好的傳輸媒介，但難以實現發光或用以作為光接收器。近年來，解決以上難題的技術不斷被提出及實現，以下我們將探討這些技術。

■矽光放大器及矽光源

　　因矽在紅外波段擁有間接能隙，所以難以實現發光，但科學家們利用拉曼效應（Raman effect）[13-19]或用混合的方法（hybrid）製造出矽雷射[20-21]。拉曼效應是矽的非線性效應，由入射光子與矽晶格產生聲子的相互作用來產生另一頻率的光子，矽的拉曼偏移（Raman shift）為 15.6 THz，其拉曼增益係數可以是光纖的一萬倍，且增益頻寬非常寬，有 100 GHz。因此矽波導是良好的拉曼增益介質，不少研究群也利用矽的拉曼效應作光放大器，而在矽的光放大器加上共振腔便能產生矽雷射。混合矽雷射則是利用離子體輔助晶片鍵合（plasma assisted wafer bonding），把三五族半導體雷射整合在矽波導平台上，因此它的發光效率比拉曼矽雷射好。

■矽調變器

矽調變器主要是通過調變光的強度（即振幅調變）來產生訊號。Bookham 公司在 2002 年示範了矽的可調光衰減器（variable optical attenuator, VOA）[22]，可以在 MHz 的嚮應範圍內調變光的強度。它是一個 PIN 的結構，通過正向偏壓時，自由載子（free carrier）便會注入波導區，這些自由載子同時改變矽波導的折射率和線性吸收係數，因此通過控制外加電流便可設定光衰減水平。但此矽調變器的速度不能夠滿足現在光通訊的要求，因此現在高速的矽調變器是利用馬赫詹德調變器（Mach-Zehnder modulator, MZM）或環型共振器（ring resonator）的結構來製作。2005 年 Intel 公司開發了馬赫詹德光調變器，通過使光分成兩條光路，其中一條的相位被延遲 180°，然後再把兩條光路合成便能調變光的振幅，調變速度可高達 1 Gb/s。而相位的控制是利用矽材料中折射率會隨載子密度而改變的原理[23]。在 2005-2007 年，康奈爾大學發表了利用環型共振器結構的矽調變器，調變速度可達 18 Gb/s[24-25]。Intel 公司也通過改進電極對光相位進行控制的技術，利用載子空乏現象（carrier depletion effect）來逐步提高了馬赫詹德矽調變器的數據傳輸速度。在 2007 年更證實可達到 40 Gb/s[26-27]。

■矽光接收器

矽對於長波長光是透明的，因此難以作為光接收元件。要實現矽光接收器可透過以下方法：一種方法是利用離子植入（ion implantation）來加強吸收低於帶隙能量的光子，圖 5-15 是一個以絕緣層上覆矽（silicon-on-insulator, SOI）的矽光波導 PN 結構，波導部分利用氦離子植入（劑量為 $1 \times 10^{12} \text{cm}^{-2}$），其測量結果如圖 5-16 所示，成功利用離子植入來加強吸收低於帶隙能量（即 1.5 μm）的光子。

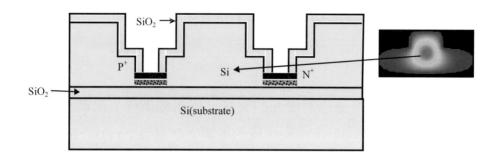

圖 5-15　PN 結構的矽光接收器[28]

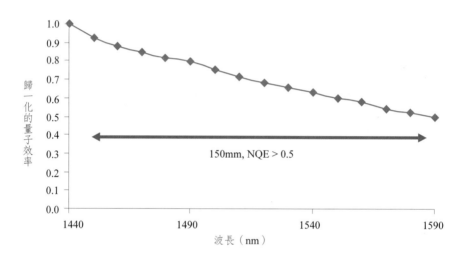

圖 5-16　以氫離子植入矽光接收器歸一化的量子效率[28]

　　在矽底板上形成矽鍺（silicon germanium）結構能生產出速度高的 PIN 光接收器[29-30]及 APD 光接收器[31]。鍺在 1.3 μm-1.55 μm 波段擁有很大的吸收係數，因此矽鍺結構能利用鍺的特性作光接收。因鍺與矽的晶格常數有 4% 的差異，因此在矽底板上形成缺陷少的鍺結構是不容易的，近年，通過利用矽鍺緩衝層減少晶格常數的不匹配、及使用低溫生長鍺作為緩衝層方法等皆能生產出高品質的鍺結構。PIN 光接收器的 3-dB 頻寬能達到 42 GHz，響應高達 1 A/W，而生產過程完全與 CMOS 技術兼容。APD 光接收器有高達 340 GHz 的增益頻寬積（gain-bandwidth product），在量測 10 Gb/s 訊號時的接收器靈敏度為 −28 dBm。如混合矽雷射一樣，學者也可利用晶片鍵合（wafer bonding），把三五族半導體光接收器整合在矽波導平台上來提高接收效能。

■矽波導及濾波器

矽對於長波長光是透明的，所以會是好的傳輸媒介，在 850 nm 的短波長頻段可用氮化矽（SiN）及氮氧化矽（SiON）作為光波導的材料，在光通訊常用的 1.55 μm 頻段，便可直接使用矽作為光波導。但由於微影與蝕刻製程中造成波導側壁粗糙，接近介面的光場因散射而造成傳播損耗（propagation loss）。因此，研究學者們都致力於低損耗矽波導的研究和開發，近年的研究也圍繞在以絕緣層上覆矽（SOI） 之矽光波導為平台，原因之一是傳播損耗低，在 1-dB/cm 以下。其次是矽的折射率為 3.5，下層二氧化矽的折射率為 1.5，而矽波導上層可以是空氣（折射率為 1）或二氧化矽，此結構能把光波導中心部分（核芯）和周邊部分（包層）的折射率差大大增加，從而使光不容易從光波導洩漏出去，可以將光波導的彎曲半徑（bend radius）減小至數 μm。絕緣層上覆矽波導有強大的光學限制（optical confinement），因此可以製造出截面很小的波導。這種在絕緣層上覆矽之小截面光波導稱矽光子線（silicon photonic nanowire）。

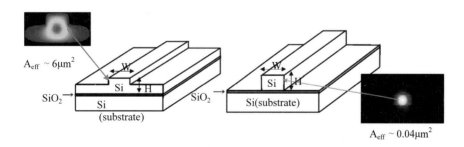

SOI 脊波導（W＝H＝5μm）；SOI 平板波導（W＝0.4μm；H＝0.2μm）

圖 5-17　絕緣層上覆矽 SOI 脊波導和平板波導

　　圖 5-17 分別展示了一般的 SOI 脊波導（rib waveguide）和截面很小的 SOI 平板波導（slab waveguide）（即矽光子線）。因為矽光子線截面及波導的彎曲半徑小，因此它被認為比較容易與 CMOS 元件作整合，可能成為下一代光電積體電路的重要元件。圖 5-18 顯示了 SOI 環型濾波器及其傳輸頻譜[32]，利用耦合模理論（coupling mode theory）能使特定波長光線進入環型波導，因此產生濾波效能。

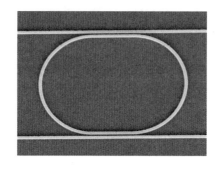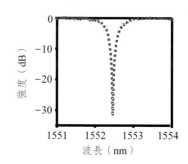

圖 5-18　絕緣層上覆矽 SOI 環型濾波器及其傳輸頻譜[32]

■矽的光耦合

　　光耦合（optical coupling）是將光導入或導出光波導的方法，由於單模光纖纖芯截面積約為矽波導的數十至數百倍，而造成模態不匹配（mode mismatch），加上光纖與矽波導折射率的差異，使得光訊號由光纖至矽波導間有極高的耦合損耗（coupling loss），將光從光纖導入光波導也是最近的研究課題。如圖 5-19 所示，最直接的光耦合方法是對接耦合（butt coupling），但這方法會有極高的耦合損耗。末端入射耦合（end-fire coupling）也可被應用，它通過透鏡把光聚焦，末端入射耦合很多時會利用錐形光纖（taper fiber）或透鏡光纖（lens fiber）進行。

圖 5-19　對接耦合和末端入射耦合

　　以上的兩種光耦合方法對於一般的 SOI 脊波導是有效的，但對於截面很小的矽光子線，便會產生很大的耦合損耗，因此利用光柵耦合（grating coupling）或模態轉換器（mode converter）[33-34]會是比較有效的方法，如圖 5-20 所示。利用光柵耦合或模態轉換器方法是透過光柵或模態轉換器來使入射光的相位匹配到一個特定的波導傳播常數，從而激勵特定的模態，因此這些光耦合方法通常會和波長或偏振有關。

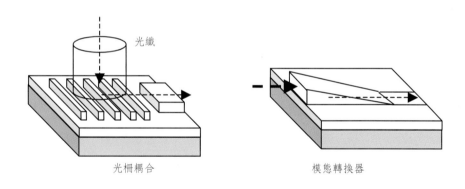

圖 5-20　光柵耦合和模態轉換器

■矽的非線性效應

　　由於矽晶格結構具有空間轉置對稱性，使矽本身無法利用普克爾效應（Pockels effect）來達成電光效應（electro-optic effect）。但矽有很大的克爾非線性效應（Kerr nonlinear effect），此效應是當光的強度增加時能把晶格的折射率改變。克爾非線性效應更能透過矽光子線的小截面面積而被大大加強[35]。使用槽波導（slot waveguide）也可以把非線性效應提高，其中矽是用來限制光線進入一個槽區，而槽中充滿了非線性物質[36]，這樣光線便能入射到非線性物質中產生電光效應。

加強光的入射功率也能產生更大的非線性效應，但矽有高的雙光子吸收（two photon absorption, TPA），當矽被強光照射時，雖然單一個光子的能量不能使基態電子躍遷至激發態，若處於基態之電子恰能同時吸收兩個入射光子，基態電子便能躍遷至激發態，就好像在兩個能階中間存在著一個虛態（virtual state）。雙光子吸收能產生電子—電洞對，即是產生自由載子，它們可以在矽中吸收光子和改變矽的折射率，自由載子吸收（free carrier absorption, FCA）的影響通常是希望避免的，因此不同的方法被提出來消除此現象。一種方法是利用離子植入（ion implantation）來提高載子複合（carrier recombination）[37]，也可以在矽波導整合一個 PN 二極管，在反向偏壓下能使自由載子吸引遠離波導核心，達到清除自由載子對光吸收的效果[38]。

電光效應也可由自由載子電漿效應（free carrier plasma effect）所產生，此效應可被 Drude-Lorenz 方程式所描述，如下所示：

$$\Delta\alpha = \frac{e^3\lambda_0^2}{4\pi^2c^3\varepsilon_0\, n}\left(\frac{N_e}{\mu_e\, m_{ce}^2} + \frac{N_h}{\mu_h\, m_{ch}^2}\right)$$

$$\Delta n = -\frac{e^2\lambda_0^2}{8\pi^2c^2\varepsilon_0\, n}\left(\frac{N_e}{m_{ce}} + \frac{N_h}{m_{ch}}\right) \tag{5.13}$$

其中 $\Delta\alpha$、Δn、N_e 和 N_h 分別為矽的吸收係數、折射率、自由電子濃度與自由電洞濃度，因此我們可以看到折射率與載子濃度有著密切關係。如果把 PN 接面或是金屬氧化半導體（metal oxide semiconductor, MOS）電容的架構與矽光學元件整合，就能達成以上所提及的光相位調變器及 MZM 調變器。

習題

1. 請說明圖 5-5 光循環器的工作原理。

2. 請說明可調式光塞取多工器 ROADM 其廣播、選取與解多工／開關／多工的優缺點。

3. 試利用一個光纖光柵及兩個光循環器組成一個光塞取多工器。

4. 請說明矽光子的優缺點。

5. 矽為甚麼不能發光？我們可透過哪些方法產生矽的雷射光。

引用參考文獻

[1] E. Desurvire, *Erbium-doped Fiber Amplifiers: Principles and Applications*, Wiley, 2002

[2] E. Desurvire, *Erbium-Doped Fiber Amplifiers, Device and System Developments*, Wiley, 2002

[3] C. H. Yeh, T. T. Huang, M. C. Lin, C. W. Chow, S. Chi, "Simultaneously gain-flattened and gain-clamped erbium fiber amplifier," *Laser Physics*, vol. 19, pp. 1246, 2009

[4] M. J. Connelly, *Semiconductor Optical Amplifiers*, Kluwer Academic Publishers, 2004

[5] Gerd Keiser, *Optical Fiber Communications*, McGraw Hill, 2000

[6] Jia-Ming Liu, *Photonic Devices*, Cambridge, 2005

[7] C. H. Yeh, C. W. Chow, C. H. Wang, F. Y. Shih, Y. F. Wu and S. Chi, "A simple self-restored fiber Bragg grating (FBG) -based passive sensing network," *Measurement Science & Technology*, vol. 20, pp. 043001, 2009

[8] E. Hecht, *Optics*, Addison-Wesley, 1998

[9] K. Okamoto, *Fundamentals of Optical Waveguides*, Academic Press,

2000

[10] G. T. Reed and A. Knights, *Silicon Photonics an introduction*, Wiley, 2004

[11] R. A. Soref and J. P. Lorenzo, "Single-crystal silicon-a new material for 1.3 and 1.6 μm integrated-optical components," *Electron. Lett.*, vol. 21 pp. 953, 1985

[12] H. K. Tsang, et al, "Optical dispersion, two-photon absorption and self-phase modulation in silicon waveguides at 1.5 μm wavelength," *Appl. Phys. Lett.*, vol. 80, pp. 416, 2002

[13] R. Claps, D. Dimitropoulos, Y. Han and B. Jalali, "Observation of Raman emission in silicon waveguides at 1.54 μm," *Opt. Express*, vol. 10, pp. 1305, 2002

[14] R. Claps, D. Dimitropoulos, V. Raghunathan, Y. Han and B. Jalali, "Observation of stimulated Raman amplification in silicon waveguides," *Opt. Express*, vol. 11, pp. 1731, 2003

[15] T. K. Liang and H. K. Tsang, "The role of free-carriers from two-photon absorption in Raman amplification in silicon-on-insulator waveguides," *Appl. Phys. Lett.*, vol. 84, pp. 2745, 2004

[16] T. K. Liang, and H. K. Tsang, "Efficient Raman amplification in silicon-on-insulator waveguides," *Appl. Phys. Lett.*, vol. 85, pp. 3343, 2004

[17] A. Liu, et al, "Net optical gain in a low loss silicon-on-insulator waveguide by stimulated Raman scattering," *Opt. Express*, vol. 12, pp. 4261, 2004

[18] O. Boyraz and B. Jalali, "Demonstration of a silicon Raman laser," *Opt. Express*, vol. 12, pp. 5269, 2004

[19] H. Rong, et al, "A continuous-wave Raman silicon laser," *Nature*, vol.

433, pp. 725, 2005

[20] H. Park, A. W. Fang, S. Kodamaa, and J. E. Bowers, "Hybrid silicon evanescent laser fabricated with a silicon waveguide and III-V offset quantum wells," *Opt. Express*, vol. 13, pp. 9460, 2005

[21] A. W. Fang, H. Park, O. Cohen, R. Jones, M. J. Paniccia, and J. E. Bowers, "Electrically pumped hybrid AlGaInAs-silicon evanescent laser," *Opt. Express*, vol. 14, pp. 9203, 2006

[22] I. E. Day, et al, "Single-chip variable optical attenuator and multiplexer subsystem integration," *Proc. OFC*, pp. 72, 2002

[23] A. Liu, et al, "A high-speed silicon optical modulator based on a metal-oxide- semiconductor capacitor," *Nature*, vol. 427, pp. 615, 2004

[24] Q. Xu, B. Schmidt, S. Pradhan and M. Lipson, "Micrometre-scale silicon electro-optic modulator," *Nature*, vol. 435, pp. 325, 2005

[25] S. Manipatruni, Q. Xu, B. Schmidt, J. Shakya and M. Lipson, "High speed carrier injection 18 Gb/s silicon micro-ring electro-optic modulator," *Proc. IEEE LEOS Annual Meeting*, pp.537, 2007

[26] A. Liu, et al, "High-speed optical modulation based on carrier depletion in a silicon waveguide," *Opt. Express*, vol. 15, pp. 660, 2007

[27] A. Liu, et al, "High-speed silicon modulator for future VLSI interconnect," *IPNRA*, Paper IMD3, 2007

[28] Y. Liu, C. W. Chow, W. Y. Cheung, and H. K. Tsang, "In-line channel power monitor based on Helium ion implantation in silicon-on-insulator waveguides," *IEEE Photon. Technol. Lett.*, vol. 18, pp. 1882, 2006

[29] T. Yin, et al, "31 GHz Ge n-i-p waveguide photodetectors on Silicon-on-Insulator substrate," *Opt. Express*, vol. 15, pp. 13965, 2007

[30] L. Vivien, et al, "42 GHz p.i.n Germanium photodetector integrated in a silicon-on-insulator waveguide," *Opt. Express*, vol. 17, pp. 6252, 2009

[31] Y. Kang, et al, "Monolithic germanium/silicon avalanche photodiodes with 340 GHz gain-bandwidth product," *Nature Photonics*, vol. 3, pp. 59, 2008

[32] L. Xu, C. Li, C. W. Chow and H. K. Tsang, "Optical mm-wave signal generation by frequency quadrupling using an optical modulator and a silicon microresonator filter," *IEEE Photon. Technol. Lett.*, vol. 21, pp. 209, 2009

[33] I Day, et al, "Tapered silicon waveguides for low-insertion-loss highly efficient high-speed electronic variable attenuators," *Proc. OFC*, vol. 1, pp. 249, 2003

[34] K. Yamada, et al, "Silicon wire waveguiding System: fundamental characteristics and applications," *Electronics and Communications in Japan (Part: Electronics)*, vol. 89, pp. 42, 2006

[35] I. W. Hsieh, et al, "Ultrafast-pulse self-phase modulation and third-order dispersion in Si photonic wire-waveguides," *Opt. Express*, vol. 14, pp. 12380, 2006

[36] G. K. Celler, et al, "Frontiers of silicon-on-insulator," *J. Applied Phys.*, vol. 93, pp. 4955, 2003

[37] Y. Liu, et al, "Nonlinear absorption and Raman gain in helium-ion-implanted silicon waveguides," *Opt. Lett.*, vol. 31, pp. 1714, 2006

[38] R. Jones, et al, "Net continuous wave optical gain in a low loss silicon-on-insulator waveguide by stimulated Raman scattering," *Opt. Express*, vol. 13, pp. 519, 2005

其它參考文獻

[1] B. E. A. Saleh and M. C. Teich, *Fundamentals of Photonics*, Wiley, 2007

[2] I. P. Kaminow, T. Li, and A. E. Willner, *Optical Fiber Telecommunication V A: Components and Subsystems*, Academic Press, 2008

[3] G. T. Reed, *Silicon Photonics: The State of the Art*, Wiley, 2008

第六章

光通訊系統

本章主要說明光纖網路系統及重要的網路技術。首先說明光網路的構成部分、架構的演進及通訊架構標準，然後介紹數種光通訊系統，包括 SONET/SDH、波長路由網路、光封包交換網路、寬頻接取網路及光纖微波。

6.1　光網路結構

光通訊網路通常分為三個層級（layer）：接取（access）層、都會（metro）層以及長途（long-haul）層，如圖 6-1 所示。長途／骨幹（core）網路跨越了國家或海洋，距離在 1000 公里以上。骨幹網路以傳輸為主，而相關的花費則用在昂貴的設備上。在光網路結構的另一端是接取層，接取網路提供網路連結給家庭和產業用戶，平均覆蓋範圍在 20 公里以下。接取網路使用的技術和通訊協定非常廣泛，而相關的花費則需控制在大眾的消費水準以內，才不至於造成使用者太大的負擔。在兩種網路之間的就是都會網路，平均覆蓋範圍在 20-100 公里之間，用途為連結接取層和長途層。都會網路所連接的網路或設備型態較長途網路多樣化，如異步傳輸模式（Asynchronous Transfer Mode, ATM）、高速乙太網路或是光纖分散數據介面（Fiber Distributed Data Interface, FDDI）。因此，都會網路設備能支援多種網路協定的介面。

長途網路運用了高密度分波多工技術（dense wavelength division multiplexing, DWDM），目前許多骨幹網路已具有百萬兆（Exabyte, EB，即 10^{18}）位元的傳輸能力。在光長途網路中，光放大器起了非常重要的作用，它能直接放大光功率，也能同時放大多個波長訊號，多為點對點運作。而都會網路就有較大的靈活性，能提供點對點、點對多點運作，也容許訊號頻道的加入或提取。接取網路是用戶端最熟悉的部份，它把家庭和產業用戶連接起來，很多網路服務和多媒體（multi-media）娛樂已成為我們生活中的一部分。接取網路現在大多是用光纖到近鄰（fiber-to-the-curb, FTTC）、光纖到節點（fiber-to-the-node, FTTN）或光纖到樓（fiber-to-the-building, FTTB），即是光訊號會先到達鄰近地區或大樓，再通過光電轉換成電訊號傳送到各用戶端。近年來，由於網際網路的盛行以及電腦科技的迅速發展，之前以銅纜為傳輸媒介所佈建的接取網路頻寬已經漸漸無法負荷如此迅速攀升的流量需求。因此，最近人們已發展擁有高傳輸效能的光纖到家（fiber-to-the-home, FTTH）和光纖到桌（fiber-to-the-desk, FTTD）等架構。

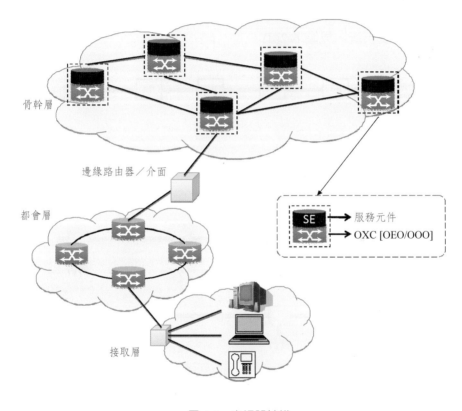

圖 6-1　光網路結構

6.2　光網路架構的演進

　　光纖網路系統在開發初期主要是進行長距離傳輸，圖 6-2 顯示了光網路傳輸系統的演進，早期系統需要在每個節點中利用光電－電光轉換

（OEO）的方法進行光訊號再生，見圖 6-2(a)。之後分波多工（WDM）與摻鉺光纖放大器（EDFA）的發明使系統的涵蓋範圍與容量皆大幅提升，且明顯提供了更好的經濟效益，見圖 6-2(b)。而光塞取多工器（optical add-drop multiplexer, OADM）的引入更進一步改善了網路的靈活度，令網路可以在同一線路的系統中提供中間節點加入或提取波長的服務，如圖 6-2(c) 所示。最近光網路中的開關和可調式光塞取多工器（reconfigurable optical add-drop multiplexer, ROADM）則把傳統及單一的點對點系統發展成覆蓋範圍更全面的網狀系統，見圖 6-2(d)。

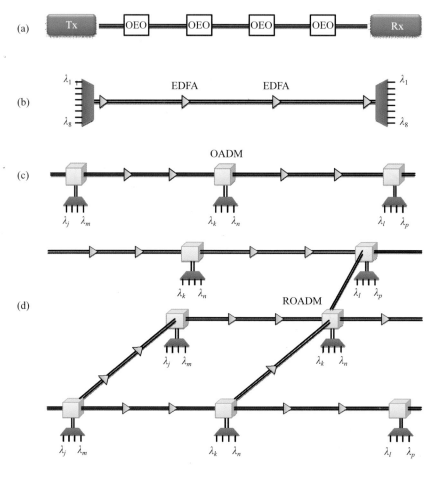

圖 6-2　光網路結構的演進

6.3　通訊標準

　　為了使業界在通訊產品的研發過程中更加順利，國際標準組織（International Standards Organization, ISO）訂立了 Open System Interconnection（OSI）的通訊架構，提供業界一個參考模型。在 OSI 的七層架構中，每一層皆使用下面一層的功能來提供上面一層的服務，發送資料時發送端由第七層開始傳遞到第一層，每一層中皆有其通訊協定（protocol）將資訊加以包裝，之後經由傳輸媒介到接收端的第一層，再從第一層開始打開包裝，直到接收端的第七層才算完成傳輸[1]。圖 6-3 為 OSI 的七層架構，此模型所定義之網路特殊服務功能如下：

■應用層（Application Layer）

　　此層提供各種服務給應用程式，還有目錄服務（directory service）及檔案存取，相關的通訊協定包括了文件傳輸協議（file transfer protocol, FTP）、簡單郵件傳輸協議（simple mail transfer protocol, SMTP）、超文本傳輸協議（hyper-text transfer protocol, HTTP）。

■展示層（Presentation Layer）

　　此層提供統一的數據表示方式，解決不同系統之間資訊代碼的差異並將資料以有意義的形式表達給使用者。其它方面也包括了格式轉換、加密（encryption）與解密（decryption）、壓縮（compression）與解壓縮（decompression）。

■交談層（Session Layer）

　　此層的作用在於建立許多使用者之間的交談、同步連接交談、定義連結建立與結束的對話。如印表機共享、資料庫查詢、檔案傳送與遠端登錄服務。

■傳送層（Transport Layer）

資料拆解成封包之後，另外還要負責監督且維持保證通訊的品質，確保資料到達的順序與正確性、流量控制、超時與重傳。屬於此層的通訊協定有傳輸控制協定（transmission control protocol, TCP）、用戶數據報協議（user datagram protocol, UDP）、NetBIOS、NetBEUI 等。

■網路層（Network Layer）

此層負責資料的路徑選擇及讓封包在不同的網路之間作傳送。網路層最主要的功能在於路徑轉接（routing）和網路定址。屬於網路層的通訊協定有網際協定（internet protocol, IP）等。

■資料鏈結層（Data Link Layer）

此層的工作包括將資料切割、加上來源及目的地位址和資料長度等。屬於此層的通訊協定有乙太網路（Ethernet）、訊標環（Token Ring）等。此層可再細分成邏輯鏈路控制（Logical Link Control, LLC）和媒體訪問控制（Media Access Control, MAC）層。

■實體層（Physical Layer）

此層主要負責把一連串的位元以實際的傳輸線路傳送給對方。傳送端的實體層只負責將資料送出，傳送的途中若發生錯誤，實體層並不做補救的措施。本層的主要工作包括編碼、調變以及在接收端將已接收訊號解調。

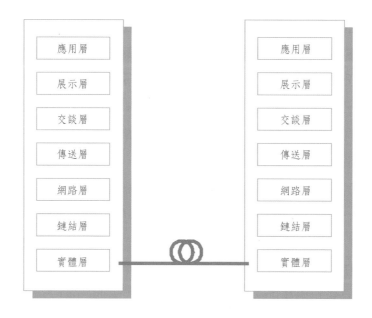

圖 6-3　OSI 的七層架構參考模型

6.4　SONET/SDH

到目前為止，我們已經目睹了數位傳輸網路技術的發展，以電話（語音）傳輸為例，第一代的數位傳輸技術是同步數位架構（Plesiochronous Digital Hierarchy, PDH），在 60 年代初被應用，其中有 T1 和 E1 標準 [2]。其後為了因應不斷成長的頻寬和提供更好的服務品質，同步光纖網絡（Synchronous Optical Network, SONET）被 Bellcore 公司（現在是 Telecordia 公司）在 80 年代提出，它可以被看作是第二代數位傳輸網絡。SONET 是使用光纖進行數位化訊息通訊的一個標準，其目的是把 PDH 光訊號作分時多工，在不同製造商的設備之間進行傳輸。SONET 屬於美規，另一標準稱為同步數位階層（Synchronous Digital Hierarchy, SDH）則屬於歐規。今天 SONET 和 SDH 兩種技術都被廣泛地應用，SONET 是兼容 SDH 的，SONET 和 SDH 也被定義為可攜帶異步傳輸模式（Asynchronous Transfer Mode, ATM）和乙太網的框架（frame）。

　　SONET/SDH 的資料傳輸是利用框架，這些框架一個一個不斷被傳送給對方。SONET/SDH 的設備在電域中組成框架，然後以光作傳送。接收端的設備接收光訊號並將其轉換為電訊號，以便處理框架。電域中的 SONET 及 SDH 訊號分別稱為同步傳輸訊號（synchronous transport signal, STS）及同步傳輸模組（synchronous transport module, STM）。光域端的 SONET/SDH 訊號則被稱為光載波（optical carrier, OC）。

　　SONET 中傳送的基本單元為 STS-1 數據框架，每一個 STS-1 框架包含 810 個位元組，其傳輸是每秒 8000 次（即一個框架傳送完成恰好需要 125 微秒），經計算得出傳輸速率為 $8000 \times 810 \times 8$ 位元／秒（即 51.84 Mbit/s）。STS-1 的傳輸速率和光載波的第一級別 OC-1 是相同的。當 3 個 STS-1 訊號通過分時多工的方式複合成 SONET 層次的下一個級別 STS-3，便包含了 2430 個位元組且傳送時間也是 125 微秒，其速率為 155.52 Mbit/s。STS-3 訊號也被當成 SDH 體制的一個基礎並被稱為 STM-1（同步傳輸模組第一級別）。更高速率的訊號由多個低級速率的訊號匯聚構成（見表 6-1），例如，4 個 OC-3 可以匯聚而構成一個 622.08 Mbit/s 的訊號（稱為 OC-12）。

表 6-1　SONET，SDH 及 OC 的關係表

SONET	OC	SDH	傳輸速率（Mbit/s）	備注
STS-1	OC-1		51.84	
STS-3	OC-3	STM-1	155.52	
STS-12	OC-12	STM-4	622.08	
STS-48	OC-48	STM-16	2488.32	2.5G 系統
STS-192	OC-192	STM-64	9953.8	10G 系統
STS-768	OC-768	STM-256	39813.12	40G 系統

6.5　波長路由網路

　　光網路的架構會日趨複雜，需要開關器及路由器的數量會越來越多，使網路達到高傳輸效率的訊號交換。波長路由網路（wavelength routed network）能利用不同的波長作為不同的溝通渠道來提高傳輸效率，而且允許波長在網路的不同地區中重複使用，減少所需的波長數目[3-4]。在波長路由網路中，非線性效應與技術因素局限了可用的波長數，因此可以透過將特定的波長轉換到不同的可用波長，即波長轉換 （wavelength conversion），來實現波長重用。

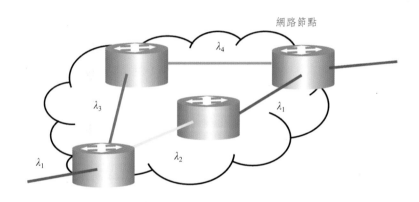

圖 6-4　波長路由網路示意圖

　　波長的可轉換性是實現透明光網路（transparent optical network）的重要技術。波長轉換可將阻塞線路中的訊號透過波長轉換轉移到備用波長通道以解決波長阻塞、通道競爭及連結失效的問題。波長轉換可利用光電－電光轉換方法，但因光電－電光轉換受到電路的速度所限，所以人們開始對全光波長轉換（all-optical wavelength conversion）[5-8]作廣泛的研究。全光波長轉換可透過光纖或半導體實現，以下將介紹分別由半導體光放大器和半導體雷射所構成的全光波長轉換器。

■半導體光放大器構成之全光波長轉換器

全光波長轉換的其中一個可行技術就是利用半導體光放大器（SOA）的交叉增益調變（cross gain modulation, XGM）。交叉增益調變之基本原理如圖 6-5(a) 所示，一個經由強度調變的訊號光源隨著連續波（CW）注入到半導體光放大器中。訊號光源可以壓縮半導體光放大器的增益，因此 CW 的增益會跟隨著訊號光源的強度改變而被調變，且獲得與輸入資料邏輯相反的輸出。

波長轉換也可以透過交叉相位調變（cross phase modulation, XPM）實現，其操作原理如圖 6-5(b) 所示。利用兩顆半導體光放大器構成馬赫詹德干涉儀（Mach-Zehnder interferometer, MZI）進行波長轉換時，輸入的 CW 連續波透過光耦合器分流至 MZI 的每個端口。透過承載資料的訊號光源讓其中一個 SOA 之載子濃度改變，如此將導致其中一路 CW 因折射率變化而造成不同的相位偏移。然後輸出耦合器會經由建設性或破壞性干涉重新結合分流的 CW 訊號，獲得與輸入資料邏輯相同的輸出訊號。

由於在半導體光放大器中的非線性光學特性，光波之間會有四波混合（four-wave mixing, FWM）的現象發生。如圖 6-5(c) 所示，當光訊號 ω_1 和 ω_2（$\omega_1 < \omega_2$）進入半導體光放大器時，如偏振及相位匹配能夠達成，四波混合後會產生兩個新的頻率，$\omega_3 = \omega_1 - (\omega_2 - \omega_1)$ 和 $\omega_4 = \omega_2 + (\omega_2 - \omega_1)$。新產生的兩個波長會有與輸入資料邏輯相同的輸出訊號，達成全光波長轉換。

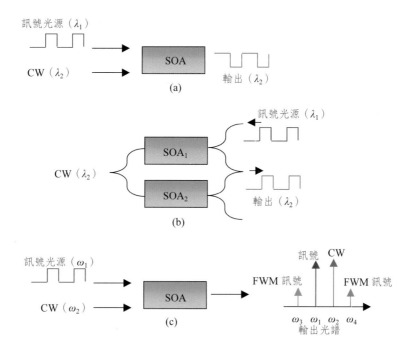

圖 6-5　透過(a)交叉增益調變、(b)交叉相位調變和(c)四波混合達到波長轉換之示意圖

■半導體雷射構成之全光波長轉換器

也可以利用注入鎖定（injection locking）的特性來實現全光波長轉換。注入鎖定是將一個（或多個）自由激發的振盪器同步到穩定的主振盪器的一種方法。這項技術源自於 van der Pol [9] 和 Adler [10] 所發表的電子振盪器經典論文中。其後微波振盪器的注入鎖定[11]及氣體雷射的注入鎖定[12-13]也相繼被驗證。對於半導體雷射而言，注入鎖定是利用主雷射（master laser）的光，通過光隔離器注入到副雷射（slave laser）進行波長鎖定。如果主雷射的光是注入在副雷射光頻率的鎖定的範圍內，副雷射便會被鎖定在主雷射的光頻率。注入鎖定技術目前已經被廣泛應用於改善半導體雷射器的靜態和動態性能[14]，注入鎖定式雷射能減少啾頻、縮小光譜線寬、也會增加雷射的直調頻寬。注入鎖定的現象已經被研究超過二十年了，且已經被用於各種不同的全光訊號處理，其中包括 3R（再放大、再整形和再定時）訊號

再生及波長與格式轉換等，以下將探討雙波長注入鎖定式（dual-wavelength injection locking）全光波長轉換器[7, 15]。

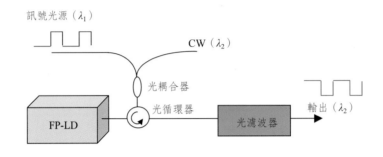

圖 6-6　雙波長注入鎖定式全光波長轉換器實驗圖

圖 6-6 所顯示的是雙波長注入鎖定式全光切換的架構，副雷射為法布里－珀羅雷射二極體（FP-LD），注入的雙波長為訊號光源和連續波（CW），圖 6-7(a)為 FP-LD 的自由運行（free run）光譜示意圖，顯示了 FP-LD 的縱模。首先考慮在只有連續波 CW 注入時的情況下，如果 CW 光（λ_p）的波長在 FP-LD 其中一個雷射縱模（如第 m_{th} 縱模）的鎖定範圍內，CW 訊號會被 FP-LD 放大，FP-LD 光譜會稍微紅移，而且除了 m_{th} 縱模之外的所有雷射縱模都會被抑制，見圖 6-7(b)。最後波長為 λ_d 的調變訊號會注入鎖定在 FP-LD 其它縱模的鎖定範圍內，見圖 6-7(c)。因為調變訊號（λ_d）會加強激發放射而進一步減少 FP-LD 內的載子密度並造成折射率的增加。而折射率的增加會導致 FP-LD 共振腔中的共振頻率降低，並進一步使縱模紅移。此時 CW 光源（λ_p）的波長會處於 m_{th} 縱模的鎖定範圍之外而造成較低的輸出功率。因此，CW 光源（λ_p）可以透過訊號光源（λ_d）被調變，而且可以得到訊號邏輯相反的波長轉換。

雙波長注入鎖定式全光波長轉換器也可以達到非邏輯反轉的操作，為了得到此效果，在沒有資料光源時，將 CW 光源的波長調整到 m_{th} 縱模的紅位移區附近，但並未注入鎖定。之後將訊號光源注入鎖定 FP-LD 另一個雷射縱模，此時光譜會紅移，這樣 CW 光源的波長便會進入 m_{th} 縱模的鎖定範圍而其功率也將被放大，CW 光源的放大會和訊號光源的功率同時上升，因此可實現邏輯相同的波長轉換。

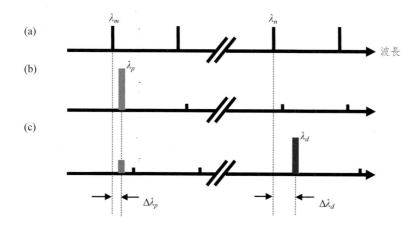

圖 6-7 雙波長注入鎖定式全光波長轉換的概念圖。(a)自由運行的 FP-LD 縱模光譜，(b)只有 CW 光源（λ_p）注入時的光譜，和(c)CW 光源（λ_p）與訊號光源（λ_d）都注入時的光譜。

6.6　光封包交換網路

　　為了更進一步提升網路的容量與靈活性，次世代光網路所傳送的資訊有可能不會再用現在的連續模式，而是把資訊分成細小封包傳送，因此次世代光網路會建立在光封包交換。對於這類的網路有光突發交換（optical burst switching, OBS）和光封包交換（optical packet switching, OPS）兩種主要的建議方法[16-17]。光突發交換的結構如圖 6-8 所示，當有資料送出時，開始入口節點會發出一個控制封包用來維持光突發資料發送前的交換路徑。如果成功地建立光路，光突發可以輕易通過所有中間的路由節點，無需緩衝的到達目的地。雖然以網路控制而言光突發交換架構相當簡易，但由於入口節點發送出光突發是不需從路徑上的路由器等待任何確認通知，光突發衝突的機率往往隨著網路通訊速率的上升而快速增加。最近已有許多研究持續利用波長轉換和光學緩衝區[17-18]來提升光突發交換網路的性能。

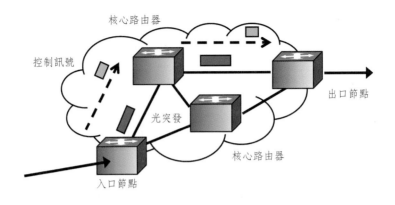

圖 6-8　光突發交換網路的操作模式。（實線：資料通道，虛線：控制通道）

　　而在光封包交換網路中，路由的控制資訊是利用標籤（label）。在入口節點處，一開始的標籤會被編碼。在核心的節點中標籤會被更新以反映出下一個躍點（即下一個路由器）的路由資訊。舊標籤的移除和新標籤的插入稱為標籤交換（label swapping），此標籤可以重複使用。而使用此路由設計的路由器通常稱為標籤交換路由器（label switched router, LSR），見圖 6-9。一般而言將封包標籤化的方法有使用位元串列標籤，即將標籤資訊置於承載內容（payload）時域的前端、光分碼多工（optical code division multiplexing, OCDM）、副載波多工（subcarrier multiplexing, SCM）等。

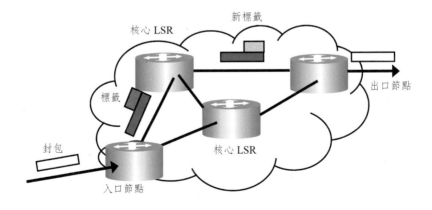

圖 6-9　光封包交換（OPS）的操作模式。（LSR：標籤交換路由器）

6.7　寬頻接取網路

近年來，由於網際網路的盛行以及數位電腦科技的迅速發展，一般用戶對網路多媒體的應用也隨之蓬勃發展。然而，過去以銅纜為傳輸媒介所佈建的網路架構，其頻寬已經漸漸不敷如此迅速攀升的流量需求。因此，發展擁有高傳輸效能的網路架構是必然的趨勢。連接用戶端的接取光網路可分為主動光網路（active optical network, AON）與被動光網路（passive optical network, PON）兩種。其中以被動光網路最為矚目，原因是被動式元件不需耗電，所需的保養及維修成本也較低。被動光網路除了局端（optical line terminal, OLT）及終端（用戶端）的光網路單元（optical network unit, ONU）需要用到電源，中間的節點則以被動光纖元件構成，由於傳輸線路採用無耗電的設備，因此維護成本遠低於目前之光纖銅纜混合網路（hybrid fiber coaxial, HFC）。被動光網路作為一種新興的『覆蓋最後一公里』之寬頻接取光纖技術，在光分歧點不需要節點設備，只需安裝一個簡單的分光器即可，因此具有節省光纜資源、頻寬共享、節省機房投資等優點。目前已有多種被動式光纖網路架構被提出，而被動光網路也已被應用在光纖到家中[19]。

依多工器的分工類型而言，被動光網路又可區分為分時多工（Time division multiplexing, TDM）與分波多工（Wavelength division multiplexing, WDM）兩種。如圖 6-10 所示，分時多工被動光網路架構中，上下傳均分別使用單一波長進行傳輸，下傳訊號是以廣播的方式，而上傳訊號是利用分時多工使不同用戶的訊號或數據流可以在同一條通訊線路上傳輸，各個用戶則輪流佔用此通訊線路。時間域被劃分成週期循環的多個小時段，每個時段用來傳輸一個子頻道的訊號。例如子頻道 1 使用時間段 1，子頻道 2 使用時間段 2，當最後一個子頻道 N 傳輸完畢，這樣的過程將會再次重複。現行的被動光網路多為分時多工，包括 APON、BPON、EPON 和 GPON 等。

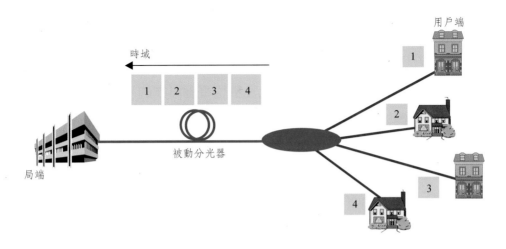

圖 6-10　分時多工被動光網路示意圖

　　另一方面，如圖 6-11 所示，分波多工被動光網路則是使用多個雷射器在單一光纖上同時發送多個不同波長雷射供給各個子頻道使用，每個子頻道都在它獨有的波長區段內傳輸，因此分波多工能夠使得現有光纖基礎設施容量大增，其頻寬潛力、接取速率、頻寬效率和訊號承載能力以及安全性方面相較於分時多工都具有明顯優勢。目前市場上 GPON 系統是利用分時多工的，許多用戶一起分享頻寬，這將引起頻寬縮減問題，導致用戶群得不到他們預期中的頻寬。而分波多工被動光網路可以為用戶提供單獨波長，避免在分時多工被動光網路中許多用戶分享頻寬而引起頻寬縮減問題。然而，儘管分波多工被動光網路擁有技術上的優勢，可以提供相當高頻寬的網路，但每個用戶需要一組特定波長的雷射或波長可調雷射，使成本也隨著頻寬的增加而迅速飆升，而成本恰恰是消費者的最大考量。如此一來，分波多工被動光網路礙於價格的考量而無法全面普及化。

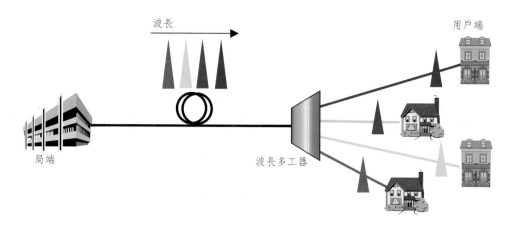

圖 6-11　分波多工被動光網路示意圖

在分波多工被動光網路系統中，最重要也最具挑戰性的成本考量即為光源數量的需求。多個不同波長同時工作，因此最直接的方案是局端有多個不同波長的光源，每個光網路單元也使用特定波長的光源，點對點連接都按預先設計的波長進行配置和工作。若波長數越多，需要的光源種類也越多，如此將會產生嚴重的儲備機房問題。這對光網路單元尤其明顯，因為其成本無法像局端一樣具有可分攤性。

因此使用無色光網路單元（colorless-ONU）搭配中央化光源（centralized light source, CLS）可達到最高的經濟效益，如圖 6-12 所示，此系統也稱為載波分佈網路（carrier distributed network）。系統中的所有光源都置於局端，並通過陣列波導光柵（arrayed waveguide grating, AWG）進行光譜分割後向光網路單元提供特定波長的光訊號，而光網路單元直接對此光訊號進行調變，以產生上傳訊號。此類光網路單元也稱為反射式光網路單元（Reflective ONU, RONU）。根據反射元件的不同，又有多種技術方案。反射式光網路單元中使用的調變器通常要求價格低廉、能工作在整個溫度範圍、大的光頻寬、插入損耗小及低雜訊。常用的反射調變器有注入鎖定的法布里－珀羅雷射二極體（FP-LD）、反射式半導體光放大器（Reflective semiconductor optical amplifier, RSOA）以及電吸收調變器等，它們可工作的光譜範圍較寬，即元件性能與輸入光訊號的波長基本無關，從而可在所有用戶端中使用相同的元件，實現無色光網路單元。

　　然而此技術避免了使用光源於用戶端，但也存在一些缺點。它要求局端光源輸出功率很大，以支持上下傳的傳輸。另一個缺點是，當局端與用戶端之間僅使用單一光纖同時傳輸上下傳訊號時，將會導致雷利背向散射（Rayleigh backscattering, RB）造成訊號干擾，而若將上下行訊號分離在不同的光纖裡進行傳輸，將導致光纖數量、路由器端口數量成倍增加，設備安裝維護的複雜度提高。

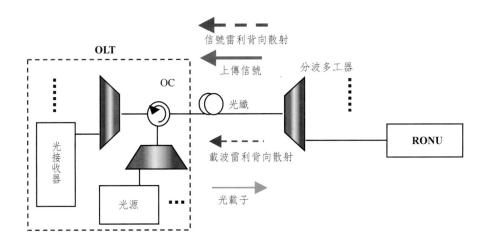

圖 6-12　載波分佈網路示意圖

■功率預算

　　功率預算（power budget）的目的是確保有足夠的光功率達到接收端以保持整個系統的可靠性。$\overline{P_r}$ 為最小平均的光接收功率，即光接收器靈敏度（receiver sensitivity），$\overline{P_t}$ 平均光發射功率，CL 是總損耗，M 是功率餘量（power margin）。系統的功率餘量是用來保證系統因為老化或其它意外所產生的功率損耗而定的，一般為 4-6 dB。功率預算的計算利用 dB 和 dBm，如下式所示：

$$\overline{P}_t = \overline{P}_r + CL + M \tag{6.1}$$

CL 是功率總損耗包括光纖損耗，連接頭損耗及光纖融接損耗：

$$CL = \alpha_{fiber}L + \alpha_{connector} + \alpha_{splice} \tag{6.2}$$

■雷利背向散射

　　圖 6-12 是一個載波分布被動光纖網路，光源從局端 OLT 經由光循環器及光纖散佈到反射式光網路單元 RONU 中以產生上傳訊號。中央光源經由光纖所產生的雷利背向散射會干擾上傳的訊號，產生雜訊使得上傳訊號的品質降低。而在這系統中，我們認為會影響系統傳輸品質之雷利背向散射雜訊主要分為兩種：(1)載波雷利背向散射（carrier Rayleigh backscattering）和(2)訊號雷利背向散射（signal Rayleigh backscattering）。當中央光源從局端傳輸到光網絡單元作為上傳的載波時，會因光纖在微觀上折射率的不同而產生背向散射的雜訊，此雜訊稱為載波雷利背向散射。另外，當已調變過的上傳訊號由光網絡單元傳向局端時，也會產生雷利背向散射的雜訊，此雜訊會再度回到光網絡單元並進行二次的訊號調變。經過二次調變的雜訊會再度往局端傳輸，而此雜訊稱為訊號雷利背向散射。

　　由於雷利背向散射的頻率和上傳的訊號的頻率是重疊的，因此會干擾到接收器對於訊號的判讀，此外，由於訊號雷利背向散射經過二次調變，因此其頻寬也寬於上傳訊號和載波雷利背向散射光。

　　目前已提出數種改善雷利背向散射的方法，例如雙接駁光纖（dual-feeder fiber）[20]，讓中央光源往光網絡單元傳輸和上傳訊號在不同的光纖裡傳輸。也可使用新穎的調變格式，如相位鍵位移曼徹斯特編碼[21]來增加訊號本身對於雜訊的容忍度。使用相位調變來減少訊號與雷利背向散射在頻譜上重疊的方法也能減少雷利背向散射的干擾產生，如相位調變的非歸零碼[22]、載波抑制雙邊帶[23]或載波抑制單邊帶[24]等。

■長距離被動式光纖網路

　　長距離被動光網路（long reach passive optical network, LR-PON）被認為能夠有更大的資訊容量和網路涵蓋範圍，這樣可以降低設備所需的數量，並減低能量的消耗，如圖 6-13 所示。一般長距離被動光網路會有以下的特點：(a)長距離、(b)高分流比（split-ratio）、(c)高傳輸速度及(d)會利用分波多工技術。長距離被動式光纖網路的傳輸距離是從傳統的被動式光纖網路的 20 公里伸延到 100 公里，它結合了都會和接取網路，這樣一來可減少網路的設備數量並降低網路成本。由於要支援長距離及高分流比，在長距離被動光網路中通常會使用光放大器，例如摻鉺光纖放大器或半導體光放大器來放大光訊號以補償功率的損耗。

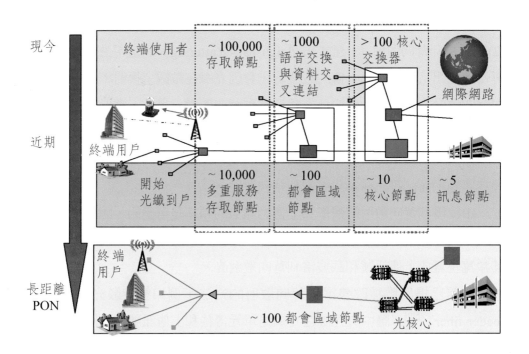

圖 6-13　長距離被動光網路示意圖，能降低設備所需的數量[25]

目前已經有多種長距離被動式光纖網路的架構被提出，例如有：

(i)英國電訊公司（British Telecom, BT）提出的架構

在英國電訊公司提出的架構中[25]，下傳的速度為 2.5 Gbit/s，而上傳的速度為 1.25 Gbit/s，光網絡單元的分流比為 64。光纖總長度為 135 公里，上下傳載波的波長在進入密集分波長多工之前，都會先經過轉頻器將載波的波長轉換成能夠和此密集分波長多工系統相容的波長。

(ii)PIEMAN 的架構

PIEMAN 的全名為光集成和擴展的都會接取網路（Photonic Integrated Extended Metro and Access Network），它是歐盟（European Union, EU）的第六期計畫[26-27]。PIEMAN 提出多種網路架構，其中一個是載波分佈被動光網路的架構，在這個架構中用來減低雷利背向散射對於訊號干擾的方法是使用雙接駁光纖。接駁光纖的長度在整個光纖網路裡佔有很大的比率，因此大部分的載波雷利背向散射都是在這裡所產生的。而從局端往光網絡單元傳送的載波和上傳訊號是在兩個不同的接駁光纖裡面進行傳輸，因此大部分的載波雷利背向散射不會對上傳訊號產生干擾。整個架構全長為 135 公里，光網絡單元的分流比可以達到 256。這個架構的上下傳速度皆為 10 Gbit/s。在愛爾蘭也成功地進行了實地的測試（field trial）。

(iii)SARDANA 的架構

SARDANA 的全名是可擴展的高級環型被動接取網路結構（Scalable Advanced Ring-based passive Dense Access Network Architecture）[28]，它是歐盟的第七期計畫。SARDANA 是一載波分配的架構，它是一個局端和數個遠處節點所組成的雙光纖分波多工環，而這樣的架構除了包含了網路保護的功能之外，也包含減低雷利背向散射雜訊的干擾的功能。每個波長的光網路單元分流比固定為 32。光網路單元的上傳訊號是由中央光源傳送到光網路單元後由反射式半導體光放大器做直調。當下傳的速度為 10 Gbit/s 而長度為 100 公里時，可以提供給 512 光網絡單元（16 波長×32 分流）使用。而當分波多工環的長度為 50 公里時，可以支援 1024 光網絡單元（32 波長×32 分流）。當光網路單元數固定為 1024、反射式半導體光放大器上傳的

速度為 2.5 Gb/s 時，長度可達 50 公里。

(iv)正交頻分多工長距離被動光網路

此網路利用高頻譜效率的正交頻分多工（orthogonal frequency division multiplexing, OFDM）作為上下傳訊號[29]，因此能夠在現有的 PON 網路結構上所比較簡單的升級，而且正交頻分多工訊號有很強的色散容差，在 4 Gbit/s 的傳輸速率下能在沒有色散補償的情況達到 100 公里和高分流 256 的傳輸。

6.8 光纖微波

光纖微波（radio-over-fiber, ROF）是指光波被無線電訊號調變後並在光纖中傳輸的技術，以方便無線訊號的傳送。光纖微波技術使用低成本和低損耗的光纖來擴展無線電頻訊號（radio frequency, RF）的傳送與分配，如圖 6-14 所示，傳統無線接取網路是透過同軸電纜把基地台（base station, BS）與天線（antenna）連接，但因同軸電纜在傳送高頻訊號時有極大的損耗，因此傳送距離通常只有數十公尺。而光纖微波網路把從基地台產生的 RF 電訊號透過前端設備（head-end）轉換為光訊號，再把光訊號分佈到比較低成本的遠端天線單元（remote antenna unit, RAU）。如此一來便能大大擴展基地台與天線單元之間的距離，也特別適合在一些無線訊號被限制的地方，如在隧道內進行訊號的傳遞。

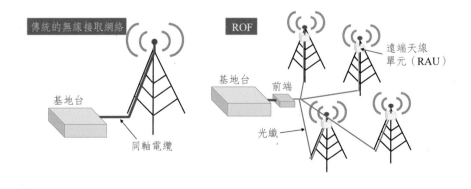

圖 6-14 傳統無線接取網路與 ROF 網路

■毫米波的產生和傳輸

傳統毫米波（millimeter-wave, mm-wave）訊號的產生是運用三五族的電子振盪器，然而當頻率超過 100 GHz 時，電子震盪器所能提供的功率將隨著頻率增加而降低。受限於此現象，在雷射被發明之前，產生毫米波或兆赫（terahertz, THz）頻率的電磁波成為一道不可跨越的鴻溝。但當雷射被廣泛應用，使用光技術產生毫米波和 THz 訊號是可行的，一個顯而易見的優點為所產生的訊號可以馬上使用光纖進行傳遞。隨著高速光二極體和光混頻器的出現，更是確保了光訊號轉換成無線訊號時的轉換效率。光－毫米波（用光技術產生毫米波訊號）的產生方法包括利用直調雷射、光學外差（optical heterodyning）兩雷射光源使兩個波長差相當於欲得之微波訊號頻率、主動型與被動型的鎖模（mode locking）雷射、光鎖相迴路（optical phase lock loop, OPPL）[30-31]等。

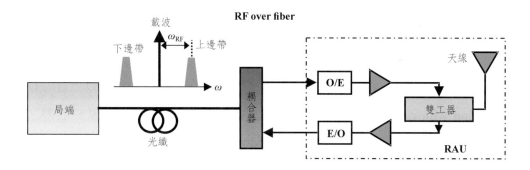

圖 6-15　光纖微波 ROF 網路架構示意圖

圖 6-15 顯示了光纖微波的網路架構，在局端可用直調雷射方法產生光－毫米波，但所產生的光－毫米波一般是雙邊帶與載波（double sideband with carrier）的，即包含載波及上下邊帶（upper and lower sideband）。當訊號被光接收器接收時，載波及上或下邊帶波長差會在光接收器中產生同調拍子（coherent beating），產生頻率與波長差相同的電訊號。但雙邊帶與載

波的訊號在光纖傳播時會有缺點，當光載波及其上下邊帶一起在光纖中傳播時，色散會使得不同光頻率成分產生不同的相位偏移，導致隨著傳播長度的變化而有週期性的光功率衰減，如圖 6-16 所示。

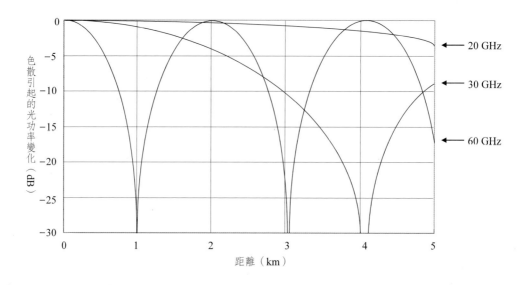

圖 6-16　雙邊帶與載波的光訊號在標準單模光纖傳播時色散引起的光功率衰減

為減低色散引起的功率變化，我們可以利用單邊帶與載波（single sideband with carrier）訊號（光載波和其中一個邊帶的波長差相當於欲得之的微波訊號頻率）或載波抑制雙邊帶（double sideband carrier suppressed）訊號（兩個邊帶的波長差相當於欲得之的微波訊號頻率）。

而且從圖 6-16 可見，光－毫米波的傳送距離受本身的毫米波頻率局限，因此可以在傳送時把毫米波頻率減低，當傳遞到遠端天線單元 RAU 時再升頻，所以會出現如圖 6-17 的基頻光纖（base band over fiber, BB-over-fiber）和中頻光纖（intermediate frequency over fiber, IF-over-fiber）架構。

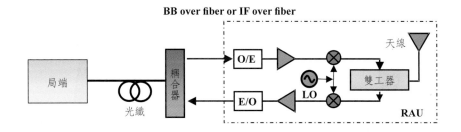

圖 6-17 基頻光纖（BB-over-fiber）和中頻光纖（IF-over-fiber）網路架構示意圖

■遠端天線單元

在光－毫米波通訊系統中，高速與高功率的光接收器扮演著重要的角色，其功能是將光功率轉換成毫米波功率。在前人的研究中可以發現在電元件中，例如高電子遷移率電晶體（high electron mobility transistor, HEMT）、異質結構場效電晶體（heterostructure field-effect transistor, HFET）、高功率光二極體（photodiode）等的高功率元件藉由覆晶結合技術可讓元件承受更大的功率，亦可改善因溫度升高帶來的熱效應與降低寄生電感，進而提升元件之響應度。在提升元件的速度上，除了縮減空乏區的厚度之外，另一方法是讓比電洞漂移速度更快的電子當成主動載子在整個光二極體結構中運作以縮短載子漂移時間。單傳輸載子光二極體（uni-traveling carrier photodiode, UTC-PD）已被證實具有良好的飽和電流－頻寬之乘積。圖 6-18 為利用單傳輸載子光二極體加上漸進開槽天線的遠端天線單元，單傳輸載子光二極體將光訊號轉變成電訊號形式之毫米波透過漸進開槽天線發射到大氣中。

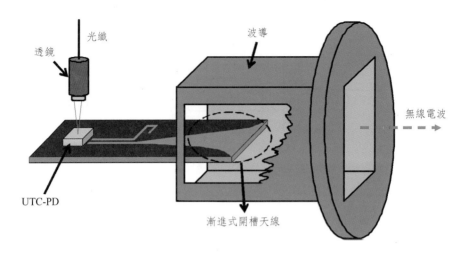

圖 6-18　利用單傳輸載子光二極體加上漸進開槽天線的遠端天線單元

■短程無線接取網路

有線（wireline）接取網路的目標是提供使用者高寬頻的三重服務（triple-play services），包括語音，視頻和網際網路。然而有線網路雖然能提供寬頻服務，但是無法滿足使用者需要隨時隨地使用的要求。另一方面，無線接取網路雖然能提供非常好的機動性，但是由於頻寬的限制，無法完全滿足使用者所需要的寬頻服務。為了因應此發展，最好的解決方法之一就是使用光纖當作傳輸媒介，同時傳送有線與無線的接取服務。因此整合光纖到家（FTTH）以及光纖微波（ROF）的混合光接取網路架構（hybrid optical access network）已經逐漸被大家認為是最具有經濟效益的網路架構。

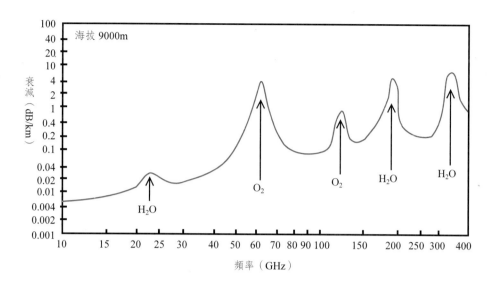

圖 6-19　毫米波在大氣中的吸收頻譜圖

　　為了提高無線網路頻寬，我們需要更高頻的載波（頻帶），但高頻帶在大氣中有非常大的損耗。由毫米波在大氣中的吸收頻譜圖 6-19 可以看出，在頻段 60、120、183 以及 325 GHz 是最容易被大氣中分子所吸收，不適合長程通訊，但這些頻帶可用於短程無線接取網路（short-range wireless access network），如室內無線網路[32]。雖然現今無線接取網路的主流仍在 10 GHz 以下，但未來趨勢則是希望使用更寬的頻帶（例如 60 GHz～120 GHz 以及 185 GHz～330 GHz）來加大頻寬。在高頻帶短程無線系統中，由於高頻訊號在大氣中存在高損耗的問題，所以必須縮小每個天線所覆蓋的面積，因此需要大量的遠端天線單元來提供良好的無線服務覆蓋範圍。光纖微波（ROF）系統正好能提高經濟效益，把訊號調變及複雜的電子步驟在局端進行處理，並利用簡單的遠端天線單元代替昂貴的基地台將無線電波播送。

習題

1. 請說明並比較光通訊網路主要的三個層級。

2. 利用表 6-1 找出 160 Gb/s 系統是 OC 的那個級別。

3. 請說明分時多工被動光網路及分波多工被動光網路的優缺點。

4. 請說明利用 60 GHz 短程無線接取網路的優缺點。

引用參考文獻

[1] A. S. Tanenbaum, *Computer Networks*, Prentice Hall, 2002

[2] H. G. Perros, *Connection-Oriented Networks SONET/SDH, ATM, MPLS and Optical Networks*, Wiley, 2005

[3] D. B. Payne and J. R. Stern, "Wavelength switched passively coupled single mode optical networks," *Proc. IOW-ECOC*, pp. 585, 1985

[4] G. R. Hill, "A Wavelength routing approach to optical communications networks," *Proc. GLOBECOM*, pp. 354, 1988

[5] S. J. B. Yoo, "Wavelength conversion technologies for WDM network applications," *J. Lightw. Technol.*, vol. 14, pp. 955, 1996

[6] H. K. Tsang, et al "All-optical wavelength conversion using active semiconductor devices," *Proc. SPIE*, vol. 4532, pp. 93, 2001

[7] C. W. Chow, et al, "All-optical modulation format conversion and multicasting using injection-locked laser diodes," *J. Lightw. Technol.*, vol. 22, pp. 2386, 2004

[8] S. Alexander, et al, "A precompetitive consortium on wideband all-optical networks," *J. Lightw. Technol.*, vol. 11, pp. 714, 1993

[9] B. van der Pol, "Forced oscillations in a circuit with non-linear resistance," *Philosophical Mag.*, vol. iii, pp. 65, 1927

[10] R. Adler, "A study of locking phenomena in oscillators," *Proc. IRE*, vol. 34, pp. 351, 1946

[11] K. Kurokawa, "Injection locking of microwave solid-state oscillators,"

Proc. IEEE, vol. 61, pp. 1386, 1973

[12] H. L. Stover and W. H. Steier, "Locking of laser oscillators by light injection," *Appl. Phys Lett.*, vol. 8, pp. 91, 1966

[13] C. J. Buczek, and R. J. Frejberg, "Hybrid injection locking of higher power CO2 lasers," *IEEE J. Quantum Electron.*, vol. QE-8, pp. 641, 1972

[14] R. Lang, "Injection locking properties of a semiconductor laser," *IEEE J. Quantum Electron.*, vol. QE-18, pp. 976, 1982

[15] J. Horer and E. Patzak, "Large-signal analysis of all-optical wavelength conversion using two-mode injection-locking in semiconductor lasers," *IEEE J. Quantum Electron.*, vol. 33, pp. 596, 1997

[16] C. W. Chow et al, "All-optical ASK/DPSK label-swapping and buffering using Fabry-Perot laser diodes," *J. Sel. Top. Quantum Electron.*, vol. 10, pp. 363, 2004

[17] S. J. B. Yoo, "Optical packet and burst switching technologies for the future photonic internet," J. Lightw. Technol., vol. 24, pp. 4468-4492, 2006

[18] I. P. Kaminow, T. Li and A. E. Willner, "Optical Fiber Telecommunications B: Systems and Networks," 5th edition, Academic Press, 2008

[19] Chinlon Lin, "Broadband Optical Access networks and Fiber-to-the-Home Systems Technologies and Deployment Strategies," Wiley, 2006

[20] G. Talli, C. W. Chow, E. K. MacHale, and P. D. Townsend, "Rayleigh noise mitigation in long-reach hybrid DWDM-TDM PONs," *J. Opt. Netw.*, vol. 6, pp. 765-776, 2007

[21] Z. Li, et al, "A novel PSK-Manchester modulation format in 10-Gb/s

passive optical network system with high tolerance to beat interference noise," *IEEE Photon. Technol. Lett.*, vol. 17, pp. 1118, 2005

[22] C. W. Chow, et al, "Rayleigh noise reduction in 10-Gb/s DWDM-PONs by wavelength detuning and phase modulation induced spectral broadening," *IEEE Photon. Technol. Lett.*, vol. 19, pp. 423, 2007

[23] C. W. Chow, et al, "Rayleigh noise mitigation in DWDM LR-PONs using carrier suppressed subcarrier-amplitude modulated phase shift keying," *Opt. Express*, vol. 16, pp. 1860, 2008

[24] C. H. Wang, C. W. Chow, C. H. Ych, C. L. Wu, S. Chi, and Chinlon Lin, "Rayleigh noise mitigation using single sideband modulation generated by a dual-parallel MZM for carrier distributed PON," *IEEE Photon. Technol. Lett.*, vol. 22, pp. 820, 2010

[25] R. P. Davey, et al, "DWDM reach extension of a GPON to 135 km" *Proc. OFC*, PDP35, 2005

[26] P. Ossieur, et al, "A symmetric 320Gb/s capable, 100km extended reach hybrid DWDM-TDMA PON," *Proc. OFC*, NWB1, 2010

[27] C. Antony, et al, "Demonstration of a carrier distributed, 8192-split hybrid DWDM-TDMA PON over 124 km field-installed fibers," *Proc. OFC*, PDPD8, 2010

[28] J. Prat, et al, "Results from EU project SARDANA on 10G extended reach WDM PONs," *Proc. OFC*, OThG5, 2010

[29] C. W. Chow, et al, "Demonstration of high spectral efficient long reach passive optical networks using OFDM-QAM," *Proc. CLEO*, CPDB7, 2008

[30] C. H. Lee, *Microwave Photonics*, CRC Press, 2007

[31] S. Iezekiel, *Microwave Photonics Device and Applications*, Wiley, 2009

[32] R. Kraemer and M. D. Katz, *Short-range wireless communications emerging technologies and applications*, Wiley, 2009

其它參考文獻

[1] G. P. Agrawal, *Fiber-optic Communication Systems*, John Wiley & Sons, 2002

[2] C. F. Lam, *Passive Optical Networks: Principles and Practice*, Academic Press, 2007

[3] J. Prat, *Next-Generation FTTH Passive Optical Networks: Research Towards Unlimited Bandwidth Access*, Springer, 2008

[4] K. Sakai, *Terahertz Optoelectronics*, Springer, 2005

[5] M. Niknejad and H. Hashemi, *mm-Wave Silicon Technology: 60 GHz and Beyond*, Springer, 2008

第七章

取樣、調變與多工存取

本章會討論數位通訊（digital communication）的基本原理，其中包括取樣、量化、調變與多工存取。取樣與量化是把類比訊號轉換成數位訊號的過程，再透過調變這些數位訊號使其能符合傳輸媒介的要求進行傳輸。多工存取是把多個用戶的訊號集合傳輸，以實現共用傳輸媒介之目的。在接收端會進行解多工存取、解調變及解碼進而重建類比訊號。本章的最後部分會討論數據速率與頻寬的關係。

7.1 基本數位通訊原理

在第一章中提到通訊系統包括調變（modulation）、傳輸（transmission）及解調變（demodulation）。類比訊號（analog），如聲音或影像，先經過取樣（sampling），然後量化（quantization）為數位訊號，

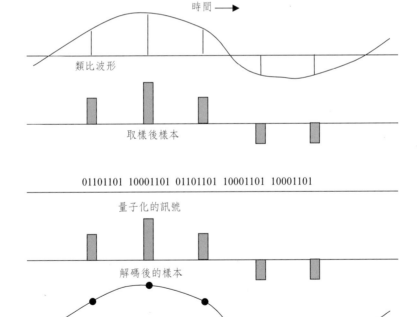

圖 7.1 基本數位通訊原理

再透過不同的調變格式（modulation format）把這些數位訊號編碼並加載在載波訊號上傳輸。針對不同的傳輸媒介則需要搭配不同的調變格式和載波訊號。接收端所接收的訊號會被解調回到類比訊號，如圖 7.1 所示。

7.2 取樣

數位通訊的第一步是把類比訊號進行取樣，如圖 7.2 所示，連續（continuous-time, CT）訊號透過取樣進行轉換並用離散（discrete-time, DT）訊號表示。

圖 7.2 取樣概念示意圖

現在討論取樣率（sampling rate）的高低對重建類比訊號的影響。已知 $x(t)$ 為連續訊號，我們定義 $x[n]$ 為 $x(t)$ 取樣後之離散訊號，相當於 $x(t)$ 在整數倍的取樣間距 T_s 處取得之取樣值，即 $x[n] = x(nT_s)$。

設 $x_\delta(t)$ 為訊號 $x[n]$ 之連續表示式，可寫成：

$$x_\delta(t) = \sum_{n=-\infty}^{\infty} x[n]\delta(t - nT_s) \qquad （7.1）$$

此處 $x[n] = x(nT_s)$，即

$$x_\delta(t) = \sum_{n=-\infty}^{\infty} x(nT_s)\delta(t - nT_s) \qquad （7.2）$$

由於 $x(t)\delta(t - nT_s) = x(nT)\delta(t - nT_s)$，我們可將 $x_\delta(t)$ 重寫成一個和時間函數乘積的形式：

$$X_\delta(t) = x(t)p(t) \tag{7.3}$$

此處 p(t)為脈衝列：

$$p(t) = \sum_{n=-\infty}^{\infty} \delta(t - nT_s) \tag{7.4}$$

由（7.3）式得知被取樣之訊號可用數學表示為原始連續訊號和一個脈衝列之間的乘積，如圖 7-3 所示。此表示法被稱為脈衝取樣（impulse sampling），通常被當成進行取樣分析的數學工具。

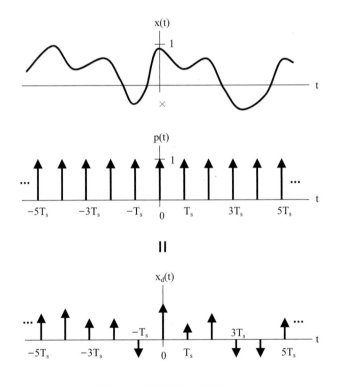

圖 7-3　脈衝取樣之示意圖

因為在時域（time domain）中相乘相當於在頻域（frequency domain）中做摺積（convolution），所以式（7.2）可表示為：

$$X_\delta(j\omega) = \frac{1}{2\pi} X(j\omega) * P(j\omega) \tag{7.5}$$

$p(t)$ 的傅立葉轉換（Fourier transform, FT）也是一個脈衝列，如圖 7-4 所示，所以這個脈衝列的頻域可表示為：

$$P(j\omega) = \frac{2\pi}{T} \sum_{k=-\infty}^{\infty} \delta(\omega - k\omega_0) \tag{7.6}$$

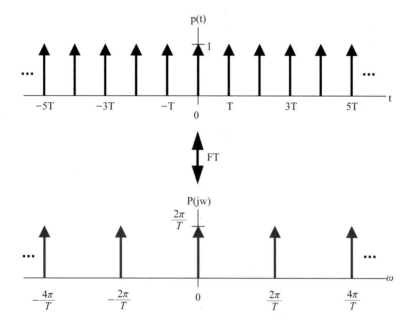

圖 7-4　脈衝列的傅立葉轉換

將 $P(j\omega)$ 代進式（7.5）中可得：

$$X_\delta(j\omega) = \frac{1}{2\pi} X(j\omega) * \frac{2\pi}{T_s} \sum_{k=-\infty}^{\infty} \delta(\omega - k\omega_s) \tag{7.7}$$

取樣率 $\omega_s = 2\pi/T_s$，因此

$$X_\delta(j\omega) = \frac{1}{T_s} \sum_{k=-\infty}^{\infty} X(j\omega - jk\omega_s) \tag{7.8}$$

圖 7-5(a)顯示 $x(t)$ 限帶（band limited）訊號，其最大頻寬為 W。對於 $X(j\omega)$ 的頻寬而言，若取樣率 ω_s 不夠大，摺積（平移）後的 $X(j\omega)$ 會互相靠近，當 $\omega_s < 2W$ 時將彼此重疊，如圖 7-5(b)所示，這種頻譜的重疊導致的失真稱為混疊（aliasing）。為了避免混疊，我們可透過選擇取樣率使得 $\omega_s > 2W$，此處 W 為訊號中最大的頻寬。這也意味著只有在滿足取樣率大於或等於類比訊號中最高頻率的兩倍（即 $\omega_s \geq 2W$），才可以不失真地恢復類比訊號，稱為奈奎斯特定理（Nyquist theorem）[1]。

以下兩種方法可避免混疊的發生：

1. 提高採樣頻率，使之達到最高訊號頻率的兩倍以上。

2. 引入低通濾波器，該低通濾波器通常稱為抗混疊濾波器，可限制訊號的頻寬，使之滿足取樣定理的條件。

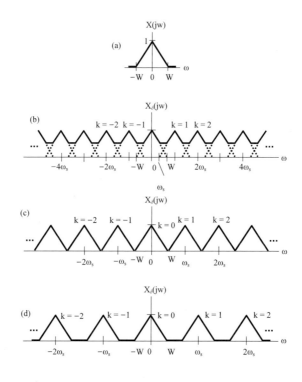

圖 7-5　被取樣訊號在不同取樣率下之頻譜圖。(a) $x(t)$ 訊號之頻譜圖，(b) 取樣率 = 1.5W 的頻譜圖，(c)取樣率 = 2W 的頻譜圖，(d)取樣率 = 3W 的頻譜圖

7.3　量化

　　已被取樣的訊號會被量化為數位訊號，在量化的過程中，每一個被取樣的樣本（sample）會被量化為其近似值，如圖 7-6 中的 t_1 樣本是介於數位訊號（0011）與（0010）之間，因其比較接近（0010）故取此值。但是這種量化方法會造成量化誤差（quantization error）的產生，量化誤差是指實際的類比訊號數值與量化的數位訊號數值的差別。量化誤差在量化過程中是不可避免的，但可借由增加量化的數位以減小誤差，例如，將量化數位由 4 位元增加到 6 位元，即可把其所代表的組合由 16 個增加到 64 個，提高量化的精確度。

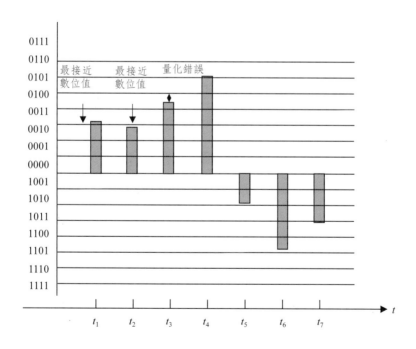

圖 7-6　取樣後的訊號樣本被量化為近似值

7.4 調變

經過取樣和量化後的數位訊號,再透過不同的調變格式將這些數位訊號編碼、加載在載波訊號上傳輸。在現今的通訊系統中,訊號調變是一個非常重要的環節。簡單來說,調變就是將我們所想要傳送的原始(基頻)訊號,利用某個特定頻率的載波(carrier),調變其振幅、相位、或頻率等物理性質,來表達並取代基頻訊號然後再進行傳輸的方法。圖 7-7 為一簡單的調變示意圖。

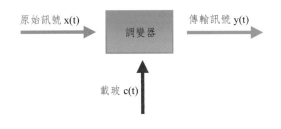

圖 7-7　調變過程示意圖

為何需要利用調變過後的傳輸訊號來進行訊號傳遞,而不直接使用原始(基頻)訊號呢?原因在於傳輸通道或傳輸媒介有其限制的頻帶,利用調變可以把訊號提升到不同頻率,來滿足其頻帶需求。其次,我們可以調變不同頻率的載波,在同一個傳輸介質中同時進行多個訊號傳遞(即多工存取),來增加傳輸效率。

■振幅調變

調變訊號的方法有很多種,振幅調變(amplitude modulation, AM)便是其中一種。其調變方法如圖 7-8 所示。

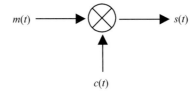

圖 7-8　振幅調變示意圖

可以從時域和頻域兩方了解調變，$m(t)$ 代表原始訊息，也稱為基頻，假設為：

$$m(t) = A_0 \cos(\omega_0 t)$$

$c(t)$是載波，通常是弦曲線（sinusoidal）如下：

$$c(t) = A_c \cos(\omega_c t)$$

基頻 $m(t)$ 通過混頻器（mixer）與載波混合，在時域中是基頻乘上載波：

$$s(t) = A_c A_0 \cos(\omega_c t)\cos(\omega_0 t)$$
$$= \frac{1}{2} A_c A_0 \cos[(\omega_c + \omega_0)t] + \frac{1}{2} A_c A_0 \cos[(\omega_c - \omega_0)t]$$

經過傅立葉轉換後為：

$$S(j\omega) = \frac{1}{2}\pi A_c A_0 [\delta(\omega - \omega_c - \omega_0) + \delta(\omega + \omega_c + \omega_0) + \delta(\omega - \omega_c + \omega_0)$$
$$+ \delta(\omega + \omega_c - \omega_0)] \tag{7.9}$$

這過程也相當於在頻域中做摺積，如圖 7-9 所示。

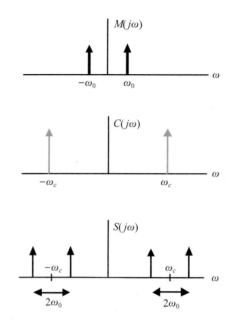

圖 7-9　基頻訊號載波與傳輸訊號在頻域的示意圖

■振幅解調變

　　將一個調變過後的傳輸訊號經過某道程序之後，便能從傳輸訊號中還原出原始的傳送資訊，此程序稱之為解調變。舉例來說，若調變訊號時所使用的載波為一個餘弦函數，其頻率為 ω_c，在同調檢測（coherent detection）中須利用一個本地振盪器（local oscillator, LO）產生另一個頻率同樣為 ωc 的訊號來解調變出原始訊號。其示意圖如圖 7-10。

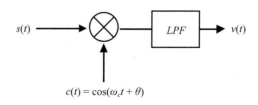

圖 7-10　解調變過程示意圖

假設上圖中的 $\theta = 0$，即本地振盪器與載波的相位是一樣的。由上圖可以觀察出，傳輸訊號與另一個由本地振盪器所產生的訊號相乘之後，還需經由一個低通濾波器（low pass filter, LPF），才能得到所需的原始資料 $v(t)$：

$$v(t) = \frac{1}{2} A_c A_0 \cos(\omega_c t)\{\cos[(\omega_c + \omega_0)t] + \cos[(\omega_c - \omega_0)t]\}$$

$$= \frac{1}{4} A_c A_0 \{\cos[(2\omega_c + \omega_0)t] + \cos(\omega_0 t) + \cos[(2\omega_c - \omega_0)t] + \cos(\omega_0 t)\}$$

$$(7.10)$$

使用低通濾波器可將處於基頻 ω_0 的原始訊號擷取下來，而過濾掉在解調時產生的高頻訊號 $2\omega_c$。經過傅立葉轉換後如圖 7-11 所示。

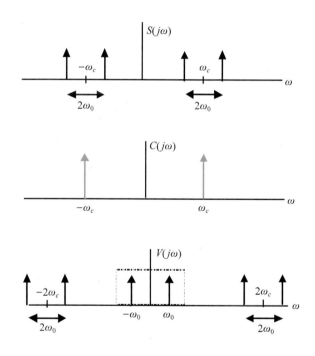

圖 7-11　解調時在頻域的示意圖

現在考慮本地振盪器所產生的訊號與載波有一相位差時的情況，則：

$$s(t)\cos(\omega_c t + \theta) = (m(t)c(t))\cos(\omega_c t + \theta)$$

$$= m(t)\cos(\omega_c t)\cos(\omega_c t + \theta)$$

$$= \frac{1}{2}m(t)\cos(\omega_c t - \omega_c t - \theta) + \frac{1}{2}m(t)\cos(\omega_c t + \omega_c t + \theta)$$

$$= \frac{1}{2}m(t)\cos(\theta) + \frac{1}{2}m(t)\cos(2\omega_c t + \theta) \quad （7.11）$$

同理將高頻訊號利用低通濾波器濾除掉，且訊號振幅可忽略，經過低通濾波器後的訊號 $v(t)$ 即為 $\frac{1}{2}m(t)\cos(\theta)$。接下來我們考慮一些特別的情形，當 $\theta = \pi/2$，即本地振盪器產生的訊號相位與載波相位差為 90 度時，則 $v(t) = 0$。這代表我們接受不到訊號，即解調變失敗。當 $\theta = \theta(t)$，即相位會隨著時間慢慢地改變，則 $v(t) = m(t)\cos(\theta)$，表示訊號的振幅大小會隨著時間改變。要避免這些情況的發生，可以利用鎖相環（phase-locked loop, PLL）來把 θ 固定。鎖相環是利用反饋（feedback）控制頻率及相位的同步技術，其作用是將電路輸出的時脈（即本地振盪器）與其外部的參考時脈保持同步。當參考時脈的頻率或相位發生改變時，鎖相環會檢測到這種變化，並且通過其內部的反饋系統來調節輸出頻率和相位，直到兩者重新同步。

在光通訊中，本地振盪器是另一個雷射。入射光訊號可寫成：

$$E_S = A_S \exp[-i(\omega_0 t + \theta_S)] \quad （7.12）$$

本地振盪器的電場可寫成

$$E_{LO} = A_{LO} \exp[-i(\omega_{LO} t + \theta_{LO})] \quad （7.13）$$

其中 ω，A 和 θ 分別是入射光訊號及本地振盪器的載波頻率、振幅和相位。由於光電二極管是響應光強度的，也稱為平方律探測器（square law detector），其輸出的功率可寫成：

$$P = K \lceil E_S + E_{LO} \rceil^2$$

$$= P_S + P_{LO} + 2\sqrt{P_S P_{LO}} \cos(\omega_0 t - \omega_{LO} t + \theta_S - \theta_{LO}) \qquad (7.14)$$

K 是一個常數，$P_S = KA_S^2$，$P_{LO} = KA_{LO}^2$，當在零差檢測（homodyne detection）中，$\omega_0 = \omega_{LO}$，此時式（7.14）寫成：

$$P = P_S + P_{LO} + 2\sqrt{P_S P_{LO}} \cos(\theta_S - \theta_{LO}) \qquad (7.15)$$

由於式（7.15）的最後項包含訊號的相位，同調檢測能把被相位或頻率調變的訊息解調。由於在光通訊中較難實施鎖相環，所以使同調檢測變得複雜，因此在振幅解調變中常常會利用直接檢測（direction detection）。

　　在類比訊號的振幅、頻率和相位調變通常分別稱為振幅調變（amplitude modulation, AM）、頻率調變（frequency modulation, FM）和相位調變（phase modulation, PM）。相應地，數位調變方式也是以載波的振幅、頻率和相位等非連續的變化來表現基頻內「0」和「1」的數位邏輯訊號，它們分別稱為幅移鍵控（amplitude shift keying, ASK）〔也稱為開關鍵控（on off keying, OOK）〕，頻移鍵控（frequency shift keying, FSK）和相移鍵控（phase shift keying, PSK），如圖 7-12 所示。

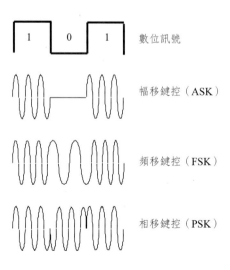

圖 7-12　幅移鍵控、頻移鍵控和相移鍵控

　　非歸零（non-return-to-zero, NRZ）調變格式是屬於幅移鍵控的一種，由於產生的方式最為容易，是目前光纖通訊系統中最常見的一種調變格式。歸零（return-to-zero, RZ）的調變格式與非歸零類似，但是當位元資料為「1」時，歸零編碼的前半位元週期為高位準，而後半位元週期則回復到低位準。因此歸零調變所需的頻寬比非歸零格式大。四階振幅位移鍵控（4-ary ASK）是屬於多層的振幅調變格式，以四種不同振幅代表著不同的數位訊號，因此每一符號（symbol）即可表示著兩個位元。一些常用的幅移鍵控可見圖 7-15。

■相位調變

　　二元相移鍵控（binary phase shift keying, BPSK）調變是分別以載波相位為 0° 與 180° 來分別代表數位訊號的「0」與「1」，如圖 7-12 所示。在二元相移鍵控中，可用鈮酸鋰（Lithium Niobate, $LiNbO_3$）相位調變器（phase modulator）或將馬赫詹德調變器（Mach-Zehnder modulator, MZM）用作相位調變器做調變。例如當傳送「1」時，就將光的相位改變成 180°，反之傳送「0」時，則保持相位不變。由於在光通訊中的接收器，使用的光二極體只能偵測是否有接收到光，並不能偵測到光的相位，所以在二元相移鍵控的接收端需使用同調檢測，如圖 7-13 所示。在光接收器之前耦

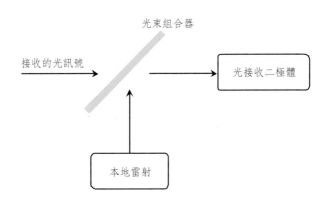

圖 7-13　使用在二元相移鍵控的同調檢測接收端

合另一道雷射光，利用光的建設性與破壞性干涉原理，便能使光接器接收到有光或者是沒光的訊號，進而判斷傳送的資訊是「1」或「0」。

　　差分相移鍵控（differential phase shift keying, DPSK）如同二元相移鍵控一樣也是利用相位調變器，將光的相位做 0° 與 180° 的改變，而最大不同的地方在於解調變過程。如圖 7-14 所示，差分相移鍵控的解調變方式是將調變過後的光訊號分成兩路，並調整兩路的路徑長，使其中一路的訊號延遲一個位元的時間後再與另一路耦合，同樣也是利用干涉產生有光與沒有光的訊號。但由於差分相移鍵控是使用自己本身的訊號與延遲一個位元時間後的訊號做干涉的關係，與二元相移鍵控中相位 0° 代表「0」、相位 180° 代表「1」的情況不同。差分相移鍵控是前一個位元和下一個位元做比較，如果相位改變了 180° 則代表數位訊號的「1」，如果相位沒有改變則代表「0」。因此差分相移鍵控調變必須將要傳送的資訊先進行編碼，如此一來在經過解調變之後才會得到正確的資料。

　　相較於非歸零或歸零等幅移鍵控格式，利用差分相移鍵控調變格式可以在接收端利用平衡檢測（balance detection），使接收器的靈敏度改善。除此之外，差分相移鍵控編碼也可透過馬赫詹德調變器，來產生非歸零差分相移鍵控（NRZ-DPSK）及歸零差分相移鍵控（RZ-DPSK）調變格式，其中NRZ-DPSK 又可稱為暗歸零（dark return to zero, DRZ）調變格式。

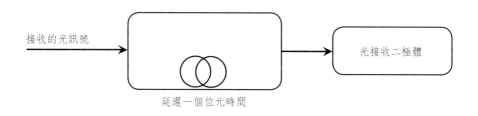

接收的光訊號

光接收二極體

延遲一個位元時間

圖 7-14　使用在差分相移鍵控的接收端

　　差分四相移鍵控（differential quadrature phase shift keying, DQPSK）是屬於多層的相位調變格式，即每一符號表示多於一個位元。與差分相移鍵控格式相似，差分四相移鍵控調變格式的每一個符號中可使載波相位偏移 π、$\pi/2$、$-\pi/2$ 或 0 等四種變化。因此與差分相移鍵控格式相比，在同樣的符號時間（symbol time）下使用差分四相移鍵控調變格式可增加一倍的資料速率。差分四相移鍵控格式的產生方式需要以兩個 MZ 調變器進行調變，並且在其中一邊的路徑上必須使光載波相位偏移 $\pi/2$ 再耦合為單一輸出訊號。圖 7-15 為幾種常見調變格式的產生方法、光譜圖、眼圖及星象圖（constellation diagram）。

■先進的調變格式

一些先進的調變格式可以結合振幅和相位調變，如 16- 正交振幅調變（16-quadrature amplitude modulation, 16-QAM）。正交振幅調變是利用訊號的振幅和相位組合進行編碼，發射的訊號集可以用星象圖表示。星象圖上每一個點對應一組邏輯訊號。常見的正交振幅調變有 16-QAM、64-QAM、256-QAM 等。星象點數越多，每個符號（星象點）能傳輸的訊息就越大，例如 16-QAM 可在一個符號時間下表示 4 個位元（共有 16 種不同邏輯訊號組合）。在 64-QAM 下可在同一個符號時間下表示 6 個位元（共有 64 種不同邏輯訊號組合）。但是，如果在平均能量保持不變的情況下增加星象點，會使星象點之間的距離變小，增加解調變的困難度，使誤碼率上升。

在光通訊中，除了以載波的振幅、頻率和相位的調變外，也可以利用光的偏振來編碼，稱為偏振移位鍵控（polarization shift keying, PolSK）。它比較能夠抑制光纖中非線性效應。在接收端可用偏光鏡 （polarizer）或偏振分光器（polarization beam splitter, PBS）把偏振移位鍵控訊號解調。

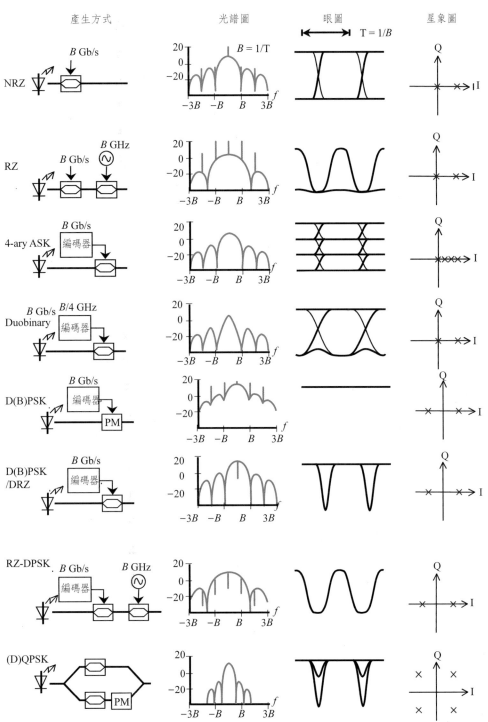

圖 7-15　常見調變格式的產生方法、光譜圖、眼圖及星象圖

7.5 多工存取

多工存取（multiple access）是一種用來實現共用傳輸媒介的通訊網路技術，可根據時間、頻率和編碼來分類。如圖 7-16 所示，分時多工存取（time division multiple access, TDMA）能允許多個用戶在不同的時間槽來使用相同的頻率通道；分碼多工存取（code division multiple access, CDMA）是透過把不同用戶的訊號進行編碼，允許所有使用者同時使用全部頻帶來傳輸；而分頻多工存取（frequency-division multiple access, FDMA）是將多個基頻訊號調變到不同頻率的載波上再進行疊加形成一個複合訊號的技術，在光學上的分頻多工技術被稱為分波多工（Wavelength division multiplexing, WDM）。以下用分頻多工存取為例來說明多工存取的概念。最近，正交頻分多工（orthogonal frequency division multiplexing, OFDM）技術也漸漸被應用在光通訊中，這種技術將要傳輸的訊號分成多個副載波（subcarrier）進行傳輸，而每個副載波由於僅僅攜帶一部分的資料負載，這樣能使 OFDM 訊號有更長的符號週期，從而加強了訊號對符元干擾（intersymbol Interference, ISI）的容差。其次，OFDM 技術通過對多個副載波的調變，使各子載波相互正交，頻譜可以相互重疊，大大增加了訊號的頻譜效率。

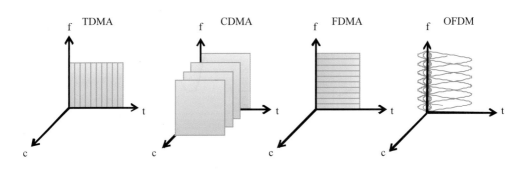

圖 7-16　多工存取的示意圖

■分頻多工存取

要同時傳送許多通道的基頻訊號，可以將訊號調變至不同頻率的載波上，使得多種資訊同時在一個傳輸媒介中傳播，如圖 7-17 所示。

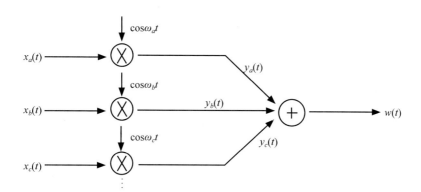

圖 7-17　分頻多工的產生端

圖 7-18 是在頻域下分頻多工的示意圖，三組不同的基頻訊號，分別升頻到 ω_a、ω_b 與 ω_c，並整合在同一個傳輸媒介下進行傳輸。

在接收端，為了使每個用戶端能接收到各自所需的訊號，必須同時進行解多工（demultiplexing）與解調變的操作，如圖 7-19 所示。

一組分頻多工的訊號 $w(t)$，經過一個中心頻率為 ω_a 的帶通濾波器，將升頻至 ω_a 的傳輸訊號 $y_a(t)$ 過濾出來後，再重複前一節介紹的解調過程，乘上一個由本地振盪器產生的弦波 $\cos(\omega_a t)$，並經過一低通濾波器後，則可得到原始基頻訊號 $x_a(t)$。同理，改變帶通濾波器的中心頻率和本地振盪器所產生的訊號頻率，就可分別得到原始基頻訊號 $x_b(t)$、$x_c(t)$。在解分頻多工的過程中，必須注意到各個通道間的頻率不能有重疊的部分，否則訊號將會彼此干擾。

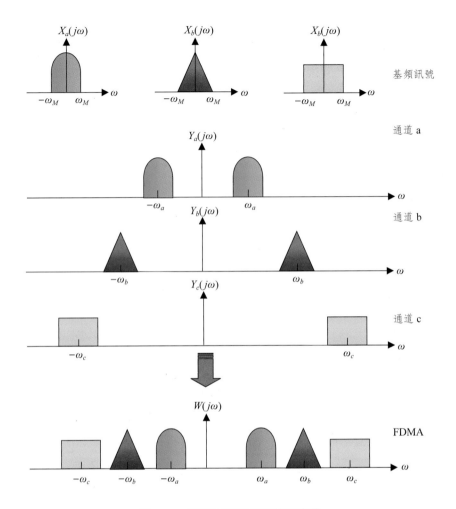

圖 7-18　頻域下分頻多工的示意圖

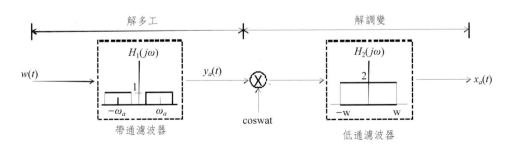

圖 7-19　解分頻多工與解調變示意圖

7.6　數據速率與頻寬

數據速率通常是指在數位通訊中在一秒內能傳送的位元數，單位是（bit/s）。而頻寬通常指訊號所佔據的頻寬寬度，單位是（Hz）。在訊息理論（information theory）中，可用薛農—哈特利定理（Shannon-Hartley theorem）[2]來將數據速率與頻寬的關係結合，如下式：

$$C = B\log_2\left(1 + \frac{S}{N}\right) \tag{7.16}$$

其中 C 訊號容量，即是數據速率（bit/s），B 是通道的頻寬（Hz），S/N 是訊號與雜訊比。它指出在特定的訊號與雜訊比和通道頻寬時，理論上最大的數據速率。舉例在電話通訊中，如果訊號與雜訊比為 20 分貝，相當於 S/N = 100，可用頻寬為 4 kHz，則 $C = 4\log_2(1 + 100) = 26.6$ kbit/s 為理論上最大的數據速率。

現在假設在系統中的數據速率為 C，平均發射功率可寫成：

$$P = E_b C \tag{7.17}$$

E_b 是每個位元功率，利用雜訊的單邊功率譜密度 N_0，式（7.16）可寫成：

$$\frac{C}{B} = \log_2\left(1 + \frac{E_b C}{N_0 B}\right) \tag{7.18}$$

式（7.18）可化簡為：

$$\frac{C}{B} = \log_2\left[1 + \frac{E_b}{N_0}\left(\frac{C}{B}\right)\right]$$

$$2^{\frac{C}{B}} = 1 + \frac{E_b}{N_0}\left(\frac{C}{B}\right) \tag{7.19}$$

$$\frac{E_b}{N_0} = \frac{2^{\frac{C}{B}} - 1}{C/B}$$

式（7.19）顯示了每個位元功率與雜訊功率譜密度比 $\dfrac{E_b}{N_0}$ 和頻寬效率（bandwidth efficiency），也稱作頻譜效率（spectral efficiency）$\dfrac{C}{B}$ 的關係，頻譜效率的單位為（bit/s/Hz）。

再將式（7.19）改寫為：

$$\frac{E_b}{N_0}\frac{C}{B}=2^{\frac{C}{B}}-1$$
$$\Rightarrow 1+\frac{E_b}{N_0}\frac{C}{B}=2^{\frac{C}{B}} \qquad (7.20)$$
$$\Rightarrow \left(1+\frac{E_b}{N_0}\frac{C}{B}\right)^{\frac{B}{C}\frac{N_0}{E_b}}=2^{\frac{N_0}{E_b}}$$

當頻寬 B 趨於無窮大時，$\dfrac{E_b}{N_0}\dfrac{C}{B}\to 0$，利用 $\lim\limits_{x\to 0}(1+x)^{1/x}=e$，式（7.20）可寫成：

$$2^{\frac{N_0}{E_b}}=e$$
$$\frac{N_0}{E_b}=\log_2 e \qquad (7.21)$$
$$\frac{E_b}{N_0}=\frac{1}{\log_2 e}=0.693=-1.6dB$$

式（7.21）稱為薛農極限（Shannon limit），這是在頻寬無限的通道達到通道容量所需的最低訊號雜訊比，是通訊系統傳輸能力的極限。

習題

1. 試找出式（7.4）中 $p(t)$ 脈衝列之傅立葉級數（Fourier series）和傅立葉轉換（Fourier transform）。
2. 試列出量化過程中 5 位元組所能代表的所有二進制組合。
3. 請參照圖 7-1 中的取樣量化過程，詳細描述在接收端將數位訊號轉化為類比訊號的過程。

4. 請證明式（7.14）$P = P_S + P_{LO} + 2\sqrt{P_S P_{LO}} \cos(\omega_0 t - \omega_{LO} t + \theta_S - \theta_{LO})$ 。

5. 試設計一個差分四相移鍵控（DQPSK）的解調器。

6. 請劃出 16-QAM 的星象圖。

7. 4-QAM 訊號與 QPSK 訊號有哪些分別？

引用參考文獻

[1] H. Nyquist, "Certain topics in telegraph transmission theory," *Trans. AIEE*, vol. 47, pp. 617, 1928

[2] C. E. Shannon, "A mathematical theory of communication," *Bell System Technical Journal*, vol. 27, pp. 379, 623, 1948

其它參考文獻

[1] V. Oppenheim, A. S. Willsky and S. Hamid, *Signals and Systems*, Prentice Hall, 1996

[2] S. Haykin and B. V. Veen, *Signals and Systems*, Wiley, 2002

[3] S. Haykin and M. Moher, *Communication Systems*, Wiley, 2009

[4] S. Haykin, *Digital Communications*, Wiley, 1988

[5] J. G. Proakis and M. Salehi, *Digital Communications*, McGraw Hill, 2008

[6] W. Shieh and I. Djordjevic, *OFDM for Optical Communications*, Academic Press, 2009

附錄 I　dB 和 dBm

■dB

分貝（decibel, dB）為一種相對的量測單位，常在電子通訊中被用來描述功率的增益或損耗。會使用分貝的量測系統包括：聲頻系統、微波系統的增益計算、衛星系統的連結功率預算分析、天線功率增益、光功率預算的計算以及其他許多通訊系統的量測。其中，每一個事例中的 dB 值皆有一個標準值或參考值作為對照。

dB 值的計算可由式 A.1 來表示

$$dB = 10\log_{10}\frac{P_2}{P_1} \qquad\qquad (\text{A.1})$$

P_1 是作為對照的參考值，P_2 是所量得的功率數值，將兩者的比值取對數後再乘以 10 即可得 dB 值。

另外，將式 A.1 做適當的修改可用來表示兩電壓的相對值。藉由功率關係式，式 A.1 可改寫成

$$dB = 10\log_{10}\frac{V_2^2/R_2}{V_1^2/R_1} \ ; (\text{Let } R_1 = R_2)$$

$$\therefore \quad dB = 10\log_{10}\frac{V_2^2}{V_1^2} = 20\log_{10}\frac{V_2}{V_1} \qquad\qquad (\text{A.2})$$

■dBm

要注意的是，小寫 m 已被附加在 dB 之後。這代表作為對照的參考值已被明確的定義為 1 milliwatt（mW）。系統中 0 dBm 即代表 0.001 W 或

1mW。

　　一般而言，功率常會以 watt 表示而非 milliwatt。這種情況下的 dB 值是以 1 watt 作為參考值，並且表示為 dBW。所以 A.1 中的 P_1 必須用 1 watt 替代，並可寫成

$$dBW = 10\log_{10} \frac{P_2}{1W} \qquad (A.3)$$

附錄 II　dBm, mV, V$_{pp}$ 的換算表

適用對於正弦訊號及 $R = 50\ \Omega$

P(dBm)	P(mW)	V$_{pp}$(V)	P(dBm)	P(mW)	V$_{pp}$(V)
−30	0.001	0.02	0	1	0.632
−29	0.001	0.022	1	1.259	0.71
−28	0.002	0.025	2	1.585	0.796
−27	0.002	0.028	3	1.995	0.893
−26	0.003	0.032	4	2.512	1.002
−25	0.003	0.036	5	3.162	1.125
−24	0.004	0.04	6	3.981	1.262
−23	0.005	0.045	7	5.012	1.416
−22	0.006	0.05	8	6.31	1.589
−21	0.008	0.056	9	7.943	1.783
−20	0.01	0.063	10	10	2
−19	0.013	0.071	11	12.589	2.244
−18	0.016	0.08	12	15.849	2.518
−17	0.02	0.089	13	19.953	2.825
−16	0.025	0.1	14	25.119	3.17
−15	0.032	0.112	15	31.623	3.557
−14	0.04	0.126	16	39.811	3.991
−13	0.05	0.142	17	50.119	4.477
−12	0.063	0.159	18	63.096	5.024
−11	0.079	0.178	19	79.433	5.637
−10	0.1	0.2	20	100	6.325
−9	0.126	0.224	21	125.893	7.096
−8	0.158	0.252	22	158.489	7.962
−7	0.2	0.283	23	199.526	8.934
−6	0.251	0.317	24	251.189	10.024
−5	0.316	0.356	25	316.228	11.247
−4	0.398	0.399	26	398.107	12.619
−3	0.501	0.448	27	501.187	14.159
−2	0.631	0.502	28	630.957	15.887
−1	0.794	0.564	29	794.328	17.825
0	1	0.632	30	1000	20

附錄 III   100 GHz ITU 波長和頻率換算表

ITU	波長（nm）	頻率（THz）	ITU	波長（nm）	頻率（THz）
1	1577.03	190.10	37	1547.72	193.70
2	1576.20	190.20	38	1546.92	193.80
3	1575.37	190.30	39	1546.12	193.90
4	1574.54	190.40	40	1545.32	194.00
5	1573.71	190.50	41	1544.53	194.10
6	1572.89	190.60	42	1543.73	194.20
7	1572.06	190.70	43	1542.94	194.30
8	1571.24	190.80	44	1542.14	194.40
9	1570.42	190.90	45	1541.35	194.50
10	1569.59	191.00	46	1540.56	194.60
11	1568.77	191.10	47	1539.77	194.70
12	1567.95	191.20	48	1538.98	194.80
13	1567.13	191.30	49	1538.19	194.90
14	1566.31	191.40	50	1537.40	195.00
15	1565.50	191.50	51	1536.61	195.10
16	1564.68	191.60	52	1535.82	195.20
17	1563.86	191.70	53	1535.04	195.30
18	1563.05	191.80	54	1534.25	195.40
19	1562.23	191.90	55	1533.47	195.50
20	1561.42	192.00	56	1532.68	195.60
21	1560.61	192.10	57	1531.90	195.70
22	1559.79	192.20	58	1531.12	195.80
23	1558.98	192.30	59	1530.33	195.90
24	1558.17	192.40	60	1529.55	196.00
25	1557.36	192.50	61	1528.77	196.10
26	1556.55	192.60	62	1527.99	196.20
27	1555.75	192.70	63	1527.22	196.30
28	1554.94	192.80	64	1526.44	196.40
29	1554.13	192.90	65	1525.66	196.50
30	1553.33	193.00	66	1524.89	196.60
31	1552.52	193.10	67	1524.11	196.70
32	1551.72	193.20	68	1523.34	196.80
33	1550.92	193.30	69	1522.56	196.90
34	1550.12	193.40	70	1521.79	197.00
35	1549.32	193.50	71	1521.02	197.10
36	1548.51	193.60	72	1520.25	197.20

附錄 IV　物理常數

名　稱	符號	值	單　位
真空光速 Speed of light	c	3×10^8	m/s
導磁率 Permeability	μ_0	$4\pi \times 10^{-7}$	H/m or N/A^2
介電常數 Permittivity	ε_0	8.8542×10^{-12}	F/m
蒲郎克常數 Planck's constant	h	6.6261×10^{-34}	J.s
$h/2\pi$	$\hbar$	1.0546×10^{-34}	J.s
電荷 Charge	$q \; or \; e$	1.6022×10^{-34}	C
電子質量 Mass of electron	m_e	9.1094×10^{-31}	kg
質子質量 Mass of proton	m_p	1.6726×10^{-27}	kg
中子質量 Mass of neutron	m_n	1.68×10^{-27}	kg
亞佛加厥常數 Avogadro constant	N_A	6.0221×10^{23}	mol^{-1}
法拉第常數 Faraday constant	F	9.6485×10^4	C mol^{-1}
玻爾茲曼常數 Boltzmann constant	k_B	1.3807×10^{-23}	J/K
電子伏 Electron volt	eV	1.6022×10^{-19}	J

附錄 V 數學方程式

Trigonometric Identities

$\sin(90° - \theta) = \cos \theta$

$\cos(90° - \theta) = \sin \theta$

$\sin(-\theta) = -\sin \theta$

$\cos(-\theta) = \cos \theta$

$\tan(-\theta) = -\tan \theta$

$\sin \theta / \cos \theta = \tan \theta$

$\sin^2\theta + \cos^2\theta = 1$

$\sin 2\theta = 2\sin \theta \cos \theta$

$\cos 2\theta = \cos^2\theta - \sin^2\theta = 2\cos^2\theta - 1 = 1 - 2\sin^2\theta$

$\tan 2\theta = \dfrac{2 \tan \theta}{1 - \tan^2 \theta}$

$\sin(a \pm b) = \sin a \cos b \pm \cos a \sin b$

$\cos(a \pm b) = \cos a \sin b \mp \sin a \cos b$

$\tan (a \pm b) = \dfrac{\tan a \pm \tan b}{1 \mp \tan a \tan b}$

Sum-to-product

$\sin a \pm \sin b = 2\sin \left(\dfrac{a \pm b}{2}\right) \cos \left(\dfrac{a \mp b}{2}\right)$

$\cos a + \cos b = 2\cos \left(\dfrac{a + b}{2}\right) \cos \left(\dfrac{a - b}{2}\right)$

$\cos a - \cos b = -2\sin \left(\dfrac{a + b}{2}\right) \sin \left(\dfrac{a - b}{2}\right)$

Product-to-sum

$\sin a \cos b = \dfrac{1}{2}[\sin (a + b) + \sin (a - b)]$

$\cos a \sin b = \dfrac{1}{2}[\sin (a + b) - \sin (a - b)]$

$$\cos a \cos b = \frac{1}{2}[\cos (a+b) + \cos (a-b)]$$

$$\sin a \sin b = \frac{1}{2}[\cos (a+b) - \cos (a-b)]$$

Euler-equation

$$\sin \theta = \frac{e^{j\theta} - e^{-j\theta}}{2}$$

$$\cos \theta = \frac{e^{j\theta} + e^{-j\theta}}{2}$$

索　引

[C]

國家圖書館出版品預行編目資料

光纖通訊／鄒志偉著. －－初版.－－臺北
市：五南，2011.04
　　面；　公分
ISBN 978-957-11-6244-7 (平裝)

1.光纖電信

448.73　　　　　　　　100003524

5DD5

光 纖 通 訊
Optical Fiber
Communications

作　　者 ─ 鄒志偉

發 行 人 ─ 楊榮川

總 編 輯 ─ 龐君豪

主　　編 ─ 穆文娟

責任編輯 ─ 蔣晨晨　楊景涵

封面設計 ─ 簡愷立

出 版 者 ─ 五南圖書出版股份有限公司

地　　址：106台北市大安區和平東路二段339號4樓

電　　話：(02)2705-5066　傳　　真：(02)2706-6100

網　　址：http://www.wunan.com.tw

電子郵件：wunan@wunan.com.tw

劃撥帳號：01068953

戶　　名：五南圖書出版股份有限公司

台中市駐區辦公室/台中市中區中山路6號

電　　話：(04)2223-0891　傳　　真：(04)2223-3549

高雄市駐區辦公室/高雄市新興區中山一路290號

電　　話：(07)2358-702　傳　　真：(07)2350-236

法律顧問　元貞聯合法律事務所　張澤平律師

出版日期　2011年4月初版一刷

定　　價　新臺幣420元